高等学校土木工程学科专业指导委员会规划教材配套用书

混凝土结构设计示例

主编　金伟良

中国建筑工业出版社

图书在版编目(CIP)数据

混凝土结构设计示例/金伟良主编. —北京：中国建筑
工业出版社，2014.11
高等学校土木工程学科专业指导委员会规划教材配套用书
ISBN 978-7-112-17545-1

Ⅰ. ①混… Ⅱ. ①金… Ⅲ. ①混凝土结构-结构设计-高
等学校-教材 Ⅳ. ①TU370.4

中国版本图书馆 CIP 数据核字(2014)第 274835 号

本书是《混凝土结构设计》的配套教材，针对《混凝土结构设计》教材中混凝土梁板结构设计、单层混凝土排架厂房设计及混凝土结构修复及加固方法 3 章内容，给予具体的设计案例。全教材参考《混凝土结构设计规范》GB 50010—2010、《建筑结构荷载规范》GB 50009—2012、《建筑地基基础设计规范》GB 50007—2011、《单层工业厂房设计示例(一)》09SG117-1、《混凝土结构加固设计规范》GB 50367—2013 等进行编写，便于在校大学生走上工作岗位后能更快地适应实际工程的设计、施工等工作。

本书可作为高等学校土木工程专业混凝土结构设计课程的配套用书，也可供从事混凝土结构设计与施工的工程技术人员参考使用。

*　　*　　*

责任编辑：吉万旺
责任设计：李志立
责任校对：李美娜　吴健

高等学校土木工程学科专业指导委员会规划教材配套用书
混凝土结构设计示例
主编　金伟良

*

中国建筑工业出版社出版、发行(北京西郊百万庄)
各地新华书店、建筑书店经销
北 京 天 成 排 版 公 司 制 版
环球印刷（北京）有限公司印刷

*

开本：787×1092 毫米　1/16　印张：4¾　字数：94 千字
2015 年 2 月第一版　　2015 年 2 月第一次印刷
定价：**18. 00** 元
ISBN 978-7-112-17545-1
(26758)

前　言

　　本书为金伟良主编的《高等学校土木工程学科专业指导委员会规划教材——混凝土结构设计》的配套用书。本书主要参考《混凝土结构设计规范》GB 50010—2010、《建筑结构荷载规范》GB 50009—2012、《建筑地基基础设计规范》GB 50007—2011、《单层工业厂房设计示例(一)》09SG117-1、《混凝土结构加固设计规范》GB 50367—2013 等进行编写，便于在校大学生走上工作岗位后能更快地适应实际工程的设计、施工的工作。本书也可作为工程技术人员的参考资料。

　　参加本书编写的人员有：陈驹(第1章)，赵羽习、孙铭(第2章)，张大伟(第3章)。书中不妥与错误之处，恳请读者批评指正。

目　录

第1章
整体式梁板结构设计

某设计使用年限为50年工业厂房楼盖，环境类别为一类，试分别采用整体式钢筋混凝土单向板肋梁楼盖和双向板肋梁楼盖进行结构布置及设计。

1.1 单向板

1.1.1 设计资料

(1) 楼面构造层做法：20mm厚水泥砂浆面层，20mm厚混合砂浆顶棚抹灰。

(2) 活荷载：标准值为$6kN/m^2$。

(3) 恒载分项系数为1.2；活荷载分项系数为1.3(因工业厂房楼盖楼面活荷载标准值大于$4kN/m^2$)。

(4) 材料选用：

混凝土　采用C25($f_c=11.9N/mm^2$，$f_t=1.27N/mm^2$)。

钢筋　　梁中受力纵筋采用HRB335级($f_y=300N/mm^2$)；
　　　　其余采用HPB300级($f_y=270N/mm^2$)。

1.1.2 结构平面布置

主梁沿横向布置，次梁沿纵向布置。主梁的跨度为6.9m，次梁的跨度为6.0m，主梁每跨内布置两根次梁，板的跨度为2.3m，$l_{02}/l_{01}=6.0/2.3=2.6<3$，宜按双向板设计，按沿短边方向受力的单向板计算时，应沿长边方向布置足够数量的构造钢筋，此处按单向板设计。梁板结构平面布置图如图1-1所示。

1.1.3 板的计算

板按考虑塑性内力重分布方法计算。按跨厚比条件，要求板厚$h \geqslant 2300/30 = 77mm$，工业建筑楼板要求板厚$\geqslant 70mm$，取板厚$h=80mm$。次梁截面高度应满足$h=l_0/18 \sim l_0/12 = 6000/18 \sim 6000/12 = 333 \sim 500mm$，取$h=450mm$，截面宽度取$b=200mm$，板尺寸及支承情况如图1-2(a)所示。

(1) 荷载

恒载标准值

20 mm水泥砂浆面层　　　　　　　　　　$0.02m \times 20 = 0.4kN/m^2$

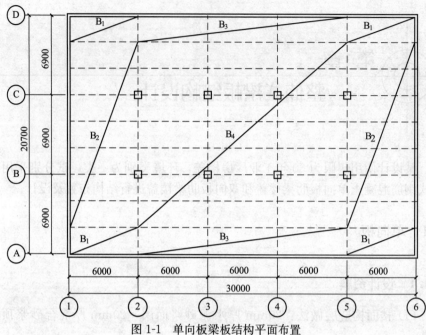

图 1-1 单向板梁板结构平面布置

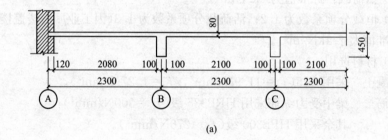

(a)

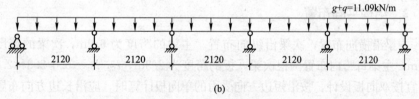

(b)

图 1-2 板的尺寸和计算简图

(a)板的尺寸；(b)计算简图

80mm 钢筋混凝土板	$0.08\text{m} \times 25 = 2.0\text{kN/m}^2$
20mm 混合砂浆顶棚抹灰	$\underline{0.02\text{m} \times 17 = 0.34\text{kN/m}^2}$
	$g_k = 2.74 \text{ kN/m}^2$
线恒载设计值	$g = 1.2 \times 2.74 = 3.29\text{kN/m}$
线活载设计值	$q = 1.3 \times 6 = 7.8\text{kN/m}$
合计	11.09kN/m
即每米板宽	$g + q = 11.09\text{kN/m}$

（2）内力计算

计算跨度

边跨　$l_n+h/2=2.3\text{m}-0.12\text{m}-0.2\text{m}/2+0.08\text{m}/2=2.12\text{m}$

$l_n+a/2=2.3\text{m}-0.12\text{m}-0.2\text{m}/2+0.12\text{m}/2=2.14\text{m}>$
2.12m，取 $l_0=2.12\text{m}$。

中间跨　$l_0=2.3\text{m}-0.2\text{m}=2.1\text{m}$

计算跨度差 $(2.12-2.1)/2.1=1\%<10\%$，说明可按等跨度连续板计算内力（为简化计算起见，统一取 $l_0=2.12\text{m}$）。取 1m 板带宽作为计算单元，计算简图如图 1-2（b）所示。

连续板各截面的弯矩计算见表 1-1。

连续板各截面弯矩计算　表 1-1

截面	边跨跨内	离端第二支座	离端第二跨跨内 中间跨跨内	中间支座
弯矩计算系数 α_m	$\dfrac{1}{11}$	$-\dfrac{1}{11}$	$\dfrac{1}{16}$	$-\dfrac{1}{14}$
$M=\alpha_m(g+q)l_0^2$ （kN·m）	4.53	−4.53	3.12	−3.56

（3）截面承载力计算

已知条件：$b=1000\text{mm}$，$h=80\text{mm}$，$h_0=80-25=55\text{mm}$，$\alpha_1=1.0$，$f_c=11.9\text{N/mm}^2$，$f_t=1.27\text{N/mm}^2$，$f_y=270\text{N/mm}^2$，连续板各截面的配筋计算见表 1-2。

连续板各截面配筋计算　表 1-2

板带部位截面	边区板带（①～②，⑤～⑥轴线间）				中间区板带（②～⑤轴线间）			
	边跨跨内	离端第二支座	离端第二支座跨内、中间跨跨内	中间支座	边跨跨内	离端第二支座	离端第二跨跨内、中间跨跨内	中间支座
M（kN·m）	4.53	−4.53	3.12	−3.56	4.53	−4.53	$0.8\times3.12=2.50$	$0.8\times(-3.56)=2.85$
$\alpha_s=\dfrac{M}{\alpha_1 f_c b h_0^2}$	0.126	0.126	0.087	0.099	0.126	0.126	0.069	0.079
ξ	0.135	0.135	0.091	0.104	0.135	0.135	0.072	0.083
$A_s=\xi b h_0 f_c/f_y$ （mm²）	327	327	220	253	327	327	175	200
选配钢筋	$\phi8$ @150	$\phi8$ @150	$\phi8$ @150	$\phi8$ @150	$\phi8$ @150	$\phi8$ @150	$\phi8$ @150	$\phi8$ @150
实配钢筋面积 （mm²）	335	335	335	335	335	335	335	335

注：中间区板带②～⑤轴线间，各内区格板的四周与梁整体连接，故各跨跨内和中间支座考虑板的内拱作用，计算弯矩降低 20%。

连续板的配筋示意图如图 1-3 所示。

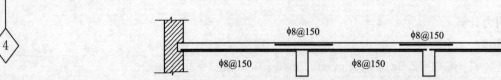

图 1-3　板的配筋示意图(包括边区板带及中间区板带)

1.1.4　次梁计算

次梁按考虑塑性内力重分布方法计算。取主梁的梁高 $h=(1/14\sim1/8)l_0=6900/14\sim6900/8=493\sim863mm$，取 $h=650mm$，梁宽 $b=250mm$。次梁有关尺寸及支承情况如图 1-4(a)所示。

(1) 荷载

恒载设计值

由板传来	$3.29\times2.3=7.57kN/m$
次梁自重	$1.2\times25\times0.2\times(0.45-0.08)=2.22kN/m$
梁侧抹灰	$\underline{1.2\times17\times0.02\times(0.45-0.08)\times2=0.30kN/m}$
	$g=10.09kN/m$

活载设计值

由板传来	$q=7.8\times2.3=17.94kN/m$
合计	$g+q=28.03kN/m$

(2) 内力计算

计算跨度

边跨

$$l_n=6.0-0.12-\frac{0.25}{2}=5.755m$$

$$l_n+\frac{a}{2}=5.755+\frac{0.24}{2}=5.875m$$

$1.025l_n=1.025\times5.755=5.899m>5.875$，取 $l_0=5.875m$。

中间跨　$l_0=l_n=6.0-0.25=5.75m$

跨度差　$(5.875-5.75)/5.75=2.2\%<10\%$

说明可按等跨连续梁计算内力。计算简图如图 1-4(b)所示。

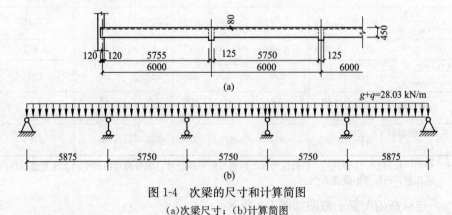

图 1-4　次梁的尺寸和计算简图

(a)次梁尺寸；(b)计算简图

连续次梁各截面弯矩及剪力计算分别见表 1-3 和表 1-4。

连续次梁弯矩计算 表 1-3

截面	边跨跨内	离端第二支座	离端第二跨跨内、中间跨跨内	中间支座
弯矩计算系数 α_m	$\dfrac{1}{11}$	$-\dfrac{1}{11}$	$\dfrac{1}{16}$	$-\dfrac{1}{14}$
$M=\alpha_m(g+q)l_0^2$ (kN·m)	87.95	-87.95	57.92	-66.20

连续次梁剪力计算 表 1-4

截面	端支座内侧	离端第二支座外侧	离端第二支座内侧	中间支座外侧、内侧
剪力计算系数 α_v	0.45	0.6	0.55	0.55
$V=\alpha_v(g+q)l_n$ (kN)	72.59	96.79	88.64	88.64

（3）截面承载力计算

次梁跨内截面按 T 形截面计算，翼缘计算宽度为：

边跨　$b'_f=\dfrac{1}{3}l_0=\dfrac{1}{3}\times5875=1958\text{mm}<b+s_0=200+2100=2300\text{mm}$

第二跨和中间跨　$b'_f=\dfrac{1}{3}\times5750=1916.7\text{mm}$

梁高　$h=450\text{mm}$，$h_0=450-45=405\text{mm}$

翼缘厚　$h'_f=80\text{mm}$

判别 T 形截面类型：按第一类 T 形截面试算。

跨内截面 $\xi=0.022<\dfrac{h'_f}{h_0}=\dfrac{80}{405}=0.198$，故各跨内截面均属于第一类 T 形截面。

支座截面按矩形截面计算，按布置一排纵筋考虑，取 $h_0=450-45=405\text{mm}$。

连续次梁正截面及斜截面承载力计算分别见表 1-5 及表 1-6。

连续次梁正截面承载力计算 表 1-5

截面	边跨跨内	离端第二支座	离端第二跨跨内、中间跨跨内	中间支座
M(kN·m)	87.95	-87.95	57.92	-66.20
$\alpha_s=M/\alpha_1f_cb'_fh_0^2$ $(\alpha_s=M/\alpha_1f_cbh_0^2)$	0.023	0.225	0.015	0.170
ξ	0.023	0.259<0.35	0.016	0.187
$A_s=\xi b'_fh_0\alpha_1f_c/f_y$ $(A_s=\xi bh_0\alpha_1f_c/f_y)$ (mm²)	732	831	480	601
选配钢筋	3Φ18	2Φ18 +2Φ16	1Φ16 +2Φ14	2Φ12 +2Φ16
实配钢筋面积 (mm²)	763	911	509	628

连续次梁斜截面承载力计算　　　　　　　表 1-6

截面	端支座内侧	离端第二支座外侧	离端第二支座内侧	中间支座外侧、内侧
$V(\mathrm{kN})$	72.59	96.79	88.64	88.64
$0.25\beta_{\mathrm{c}}f_{\mathrm{c}}bh_0$ (N)	$240975 > V$	$240975 > V$	$240975 > V$	$240975 > V$
$0.7f_{\mathrm{t}}bh_0$ (N)	$72009 > V$	$72009 > V$	$72009 > V$	$72009 > V$
选用箍筋	$2\phi 8$	$2\phi 8$	$2\phi 8$	$2\phi 8$
$A_{\mathrm{sv}} = nA_{\mathrm{sv1}}$ (mm^2)	101	101	101	101
$s \leqslant \dfrac{f_{\mathrm{yv}}A_{\mathrm{sv}}h_0}{V - 0.7f_{\mathrm{t}}bh_0}$ (mm)	<0	446	664	664
实配箍筋间距 s (mm)	200	200	200	200

次梁配筋示意图如图 1-5 所示。

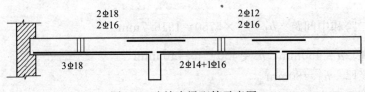

图 1-5　连续次梁配筋示意图

1.1.5　主梁计算

主梁按弹性理论计算。

柱高 $H=6.0\mathrm{m}$，设柱截面尺寸为 $350\mathrm{mm}\times350\mathrm{mm}$。主梁的有关尺寸及支承情况如图 1-6(a)所示。

(1) 荷载

恒载设计值

由次梁传来　　　　　　　　　　　　　　　　　　$10.09\times6.0=60.54\mathrm{kN}$

主梁自重(折算为集中荷载)

$$1.2\times25\times0.25\times(0.65-0.08)\times2.3=9.83\mathrm{kN}$$

梁侧抹灰(折算为集中荷载)

$$\underline{1.2\times17\times0.02\times(0.65-0.08)\times2\times2.3=1.07\mathrm{kN}}$$

$$G=71.4\mathrm{kN}$$

活载设计值

由次梁传来　　　　　　　　　　　　　　　$\underline{Q=17.94\times6.0=107.6\mathrm{kN}}$

合计　　　　　　　　　　　　　　　　　　　　$G+Q=179.0\mathrm{kN}$

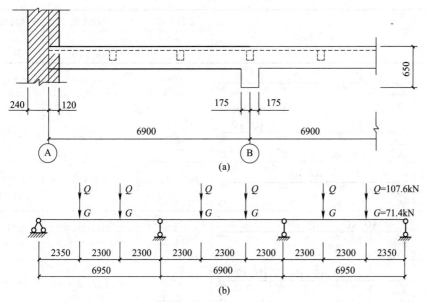

图 1-6 主梁的尺寸及计算简图

(a)主梁尺寸；(b)计算简图

(2) 内力计算

边跨 $l_n = 6.9 - 0.12 - \dfrac{0.35}{2} = 6.61\text{m}$

$$l_0 = 1.025 l_n + \frac{b}{2} = 1.025 \times 6.61 + \frac{0.35}{2} = 6.95\text{m}$$

$$< l_n + \frac{a}{2} + \frac{b}{2} = 6.61 + \frac{0.36}{2} + \frac{0.35}{2} = 6.97\text{m}$$

取 $l_0 = 6.95\text{m}$。

中间跨 $l_n = 6.90 - 0.35 = 6.55\text{m}$

$$l_0 = l_n + b = 6.55 + 0.35 = 6.90\text{m}$$

跨度差 $(6.95 - 6.90)/6.90 = 0.72\% < 10\%$，则可按等跨梁计算。

由于主梁线刚度较柱线刚度大得多($i_{梁}/i_{柱} \approx 4$)，故主梁可视为铰支柱顶上的连续梁，计算简图如图 1-6(b)所示。

在各种不同分布的荷载作用下的内力计算可采用等跨连续梁的内力系数表进行，跨内和支座截面最大弯矩及剪力按下式计算，即

$$M = KG l_0 + KQ l_0$$

$$V = KG + KQ$$

式中系数 K 值由附录 A 中查得，对边跨取 $l_0 = 6.95\text{m}$；对中跨取 $l_0 = 6.90\text{m}$；对支座 B 取 $l_0 = 6.93\text{m}$。具体计算结果以及最不利荷载组合见表 1-7 和表 1-8。将以上最不利荷载组合下的四种弯矩图及三种剪力图分别叠画在同一坐标图上，即可得主梁的弯矩包络图及剪力包络图(此处省去)。

主梁弯矩计算（kN·m）　　　　　　　　　　　　　　表 1-7

序号	计算简图	边跨跨内 $\dfrac{K}{M_1}$	中间支座 $\dfrac{K}{M_B(M_C)}$	中间跨跨内 $\dfrac{K}{M_2}$
①		$\dfrac{0.244}{121.08}$	$\dfrac{-0.267}{-132.11}$	$\dfrac{0.067}{33.01}$
②		$\dfrac{0.289}{216.12}$	$\dfrac{-0.133}{-99.17}$	$\dfrac{-M_B}{-99.17}$
③		$\approx\dfrac{1}{3}M_B=$ -33.06	$\dfrac{-0.133}{-99.17}$	$\dfrac{0.200}{148.49}$
④		$\dfrac{0.229}{171.25}$	$\dfrac{-0.311(-0.089)}{-231.06(-66.36)}$	$\dfrac{0.170}{126.21}$
⑤		$\approx\dfrac{1}{3}M_B=$ -22.12	$-66.36(-231.06)$	126.21
最不利荷载组合	①+②	337.20	-231.28	-66.16
	①+③	88.02	-231.28	181.50
	①+④	292.33	-363.17(-198.47)	159.22
	①+⑤	98.96	-198.47(-363.17)	159.22

主梁剪力计算（kN）　　　　　　　　　　　　　　表 1-8

序号	计算简图	端支座 $\dfrac{K}{V_A}$	中间支座 $\dfrac{K}{V_{B左}(V_{C左})}$	$\dfrac{K}{V_{B右}(V_{C右})}$
①		$\dfrac{0.733}{52.33}$	$\dfrac{-1.267(-1.000)}{-90.46(-71.40)}$	$\dfrac{1.000(1.267)}{71.40(90.46)}$
②		$\dfrac{0.866}{93.18}$	$\dfrac{-1.134(0)}{-122.02(0)}$	$\dfrac{0(1.134)}{0(122.02)}$
④		$\dfrac{0.689}{74.14}$	$\dfrac{-1.311(-0.778)}{-141.06(-83.71)}$	$\dfrac{1.222(0.089)}{131.49(9.58)}$
⑤		-9.58	$-9.58(-131.49)$	$83.14(141.06)$
最不利荷载组合	①+②	145.51	-212.48(-71.40)	71.40(212.48)
	①+④	126.47	-231.52(-155.11)	202.89(100.04)
	①+⑤	42.75	-100.04(-202.89)	155.11(231.52)

（3）截面承载力计算

主梁跨内截面按 T 形截面计算，其翼缘计算跨度为 $b'_f=\dfrac{1}{3}l_0=\dfrac{1}{3}\times 6900=$

$2300mm < b + s_n = 6000mm$，并取 $h_0 = 650 - 45 = 605mm$。

判别 T 形截面类型：先按第一类 T 形截面试算。

跨内截面 $\xi = 0.066 < h'_f / h_0 = 80/605 = 0.132$，故各跨内截面均属于第一类 T 截面。

支座截面按矩形截面计算，取 $h_0 = 650 - 90 = 560mm$（因支座弯矩较大，考虑布置两排纵筋，并布置在次梁主筋下面）。跨内截面在负弯矩作用下按矩形截面计算，取 $h_0 = 650 - 65 = 585mm$。

主梁正截面及斜截面承载力计算分别见表 1-9 及表 1-10。

主梁正截面承载力计算　　　　　表 1-9

截面	边跨跨内	中间支座	中间跨跨内	
$M(\text{kN}\cdot\text{m})$	337.20	−363.17	181.50	−66.16
$V_0 \cdot \dfrac{b}{2}(\text{kN}\cdot\text{m})$	—	−31.33	—	—
$\left(M - V_0 \cdot \dfrac{b}{2}\right)$ $(\text{kN}\cdot\text{m})$	—	−331.84	—	—
$\alpha_s = \dfrac{M}{\alpha_1 f_c b'_f h_0^2}$ $\left(\alpha_s = \dfrac{M}{\alpha_1 f_c b h_0^2}\right)$ (mm^2)	0.034	0.356	0.018	0.065
ξ	0.034	0.463	0.018	0.067
$A_s = \dfrac{\xi \alpha_1 f_c b'_f h_0}{f_y}$ $\left(A_s = \dfrac{\xi \alpha_1 f_c b h_0}{f_y}\right)$	1890mm^2	2570mm^2	1009mm^2	390mm^2
选配钢筋	4Φ25	2Φ25+5Φ22	2Φ22+2Φ18	2Φ18
实配钢筋面积	1964mm^2	2882mm^2	1269mm^2	509mm^2

主梁斜截面承载力计算　　　　　表 1-10

截面	端支座内侧	离端第二支座外侧	离端第二支座内侧
$V(\text{kN})$	145.51	231.52	202.89
$0.25\beta_c f_c bh_0(\text{N})$	$449969 > V$	$416500 > V$	$423940 > V$
$\dfrac{1.75}{1+\lambda} f_t bh_0(\text{N})$	$84038 < V$	$77788 < V$	$126680 < V$
选用箍筋	2φ8	2φ8	2φ8
$A_{sv} = nA_{sv1}(\text{mm}^2)$	101	101	101
$s \leqslant \dfrac{f_{yv} A_{sv} h_0}{V - \dfrac{1.75}{1+\lambda} f_t bh_0}(\text{mm})$	268	100	122
实配箍筋间距 $s(\text{mm})$	200	100	100
$V_{cs}\left(= \dfrac{1.75}{1+\lambda} f_t bh_0 + f_{yv}\dfrac{A_{sv}}{s} h_0\right)$ (N)	—	230500	210500
$A_{sb}\left(= \dfrac{V - V_{cs}}{0.8 f_y \sin\alpha}\right)(\text{mm}^2)$	—	<0	<0

（4）主梁吊筋计算

由次梁传至主梁的全部集中力为：

$$G+Q=60.54+107.6=168.14\text{kN}$$

则 $A_s=\dfrac{G+Q}{2f_y\sin\alpha}=\dfrac{168.14\times10^3}{2\times300\times0.707}=396.4\text{mm}^2$

选 $2\Phi16(A_s=402\text{mm}^2)$。

主梁的配筋示意图如图 1-7 所示。

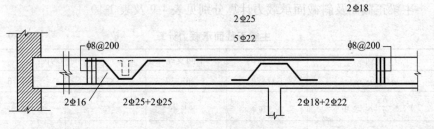

图 1-7 主梁的配筋示意图

1.2 双向板

1.2.1 设计资料

根据板的跨厚比：$h=6000/40=150\text{mm}$，双向板最小板厚 80mm，取 $h=150\text{mm}$。

支承梁截面尺寸为 $b\times h=250\text{mm}\times650\text{mm}$。

其他条件同单向板。

1.2.2 结构平面布置

双向板梁板结构平面布置图如图 1-8 所示，分为 A、B、C、D 四种区格。

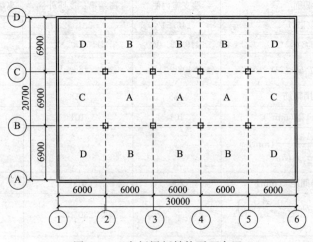

图 1-8 双向板梁板结构平面布置

1.2.3 荷载计算

20mm 水泥砂浆面层	$0.02\text{m} \times 20 = 0.40\text{kN/m}^2$
150mm 钢筋混凝土板	$0.15\text{m} \times 25 = 3.75\text{kN/m}^2$
20mm 混合砂浆顶棚抹灰	$0.02\text{m} \times 17 = 0.34\text{kN/m}^2$
恒载标准值	$g_k = 4.49\text{kN/m}^2$
恒载设计值	$g = 1.2 \times 4.49 = 5.4\text{kN/m}^2$
活载设计值	$q = 1.3 \times 6.0 = 7.8\text{kN/m}^2$
合计	$p = g + q = 13.2\text{kN/m}^2$

1.2.4 按弹性理论计算

在求各区格板跨内正弯矩时，按恒荷载均布及活荷载棋盘式布置计算，取荷载：

$$g' = g + q/2 = 5.4 + 7.8/2 = 9.3\text{kN/m}^2$$
$$q' = q/2 = 7.8/2 = 3.9\text{kN/m}^2$$

在 g' 作用下，各内支座均可视作固定，某些区格板跨内最大正弯矩不在板的中心点处，在 q' 作用下，各区格板四边均可视作简支，跨内最大正弯矩则在中心点处，计算时，可近似取二者之和作为跨内最大正弯矩值。

在求各中间支座最大负弯矩（绝对值）时，按恒荷载及活荷载均满布各区格板计算，取荷载：

$$p = g + q = 13.2 \text{ kN/m}^2$$

按附录 A 进行内力计算，计算简图及计算结果见表 1-11。

由表 1-11 可见，板间支座弯矩是不平衡的，实际应用时可近似取相邻两区格板支座弯矩的平均值，即

双向板弯矩计算 表 1-11

区格			A	B
l_{0x}/l_{0y}			6.0/6.9 = 0.87	6.0/6.86 = 0.87
	计算简图			
跨内	$\mu = 0$	m_x	$(0.0236 \times 9.3 + 0.0486 \times 3.9) \times 6.0^2 = 14.72$	$(0.0281 \times 9.3 + 0.0486 \times 3.9) \times 6.0^2 = 16.23$
		m_y	$(0.0160 \times 9.3 + 0.0350 \times 3.9) \times 6.0^2 = 10.27$	$(0.0146 \times 9.3 + 0.0350 \times 3.9) \times 6.0^2 = 9.80$
	$\mu = 0.2$	$m_x^{(\mu)}$	$14.72 + 0.2 \times 10.27 = 16.77$	$16.23 + 0.2 \times 9.80 = 18.19$
		$m_y^{(\mu)}$	$10.27 + 0.2 \times 14.72 = 13.21$	$9.80 + 0.2 \times 16.23 = 13.05$

区格		A	B
l_{0x}/l_{0y}		6.0/6.9=0.87	6.0/6.86=0.87
支座	计算简图		
	m'_x	$0.0611\times13.2\times6.0^2=29.03$	$0.0681\times13.2\times6.0^2=32.36$
	m'_y	$0.0547\times13.2\times6.0^2=25.99$	$0.0565\times13.2\times6.0^2=26.92$

区格		C	D
l_{0x}/l_{0y}		5.96/6.9=0.86	5.96/6.86=0.87
跨内	计算简图		
$\mu=0$	m_x	$(0.0285\times9.3+0.0496\times3.9)$ $\times5.96^2=16.29$	$(0.0310\times9.3+0.0486\times3.9)$ $\times5.96^2=16.97$
	m_y	$(0.0142\times9.3+0.0349\times3.9)$ $\times5.96^2=9.53$	$(0.0219\times9.3+0.0350\times3.9)$ $\times5.96^2=12.08$
$\mu=0.2$	$m_x^{(\mu)}$	$16.29+0.2\times9.53=18.20$	$16.97+0.2\times12.08=19.39$
	$m_y^{(\mu)}$	$9.53+0.2\times16.29=12.79$	$12.08+0.2\times16.97=15.47$
支座	计算简图		
	m'_x	$0.0687\times13.2\times5.96^2=32.21$	$0.0808\times13.2\times5.96^2=37.89$
	m'_y	$0.0566\times13.2\times5.96^2=26.54$	$0.0726\times13.2\times5.96^2=34.04$

A-B 支座 $m'_y=(-25.99-26.92)/2=-26.46\text{kN}\cdot\text{m/m}$

A-C 支座 $m'_x=(-29.03-32.21)/2=-30.62\text{kN}\cdot\text{m/m}$

B-D 支座 $m'_x=(-32.36-37.89)/2=-35.13\text{kN}\cdot\text{m/m}$

C-D 支座 $m'_y=(-26.54-34.04)/2=-30.29\text{kN}\cdot\text{m/m}$

各跨内、支座弯矩已求得(考虑 A 区格板四周与梁整体连接,乘以折减系数 0.8),即可近似按 $A_s=m/(0.95f_yh_0)$ 算出相应的钢筋截面面积,取跨内及支座截面 $h_{0x}=130\text{mm}$,$h_{0y}=120\text{mm}$,具体计算不再赘述。

1.2.5 按塑性理论计算

(1) 弯矩计算

① 中间区格板 A

计算跨度 $l_{0x}=6.0\text{m}-0.25\text{m}=5.75\text{m}$;$l_{0y}=6.9\text{m}-0.25\text{m}=6.65\text{m}$

$n=l_{0y}/l_{0x}=6.65\text{m}/5.75\text{m}=1.16$,取 $\alpha=1/n^2=0.74$,$\beta=2.0$。

采用弯起式配筋，跨中钢筋在距支座 $l_{0x}/4$ 处弯起一半，故得跨内及支座塑性铰线上的总弯矩为：

$$M_x = (l_{0y} - l_{0x}/4)m_x = (6.65 - 5.75/4)m_x = 5.21m_x$$
$$M_y = 3/4\alpha l_{0x} m_x = 3/4 \times 0.74 \times 5.75 m_x = 3.19m_x$$
$$M'_x = M''_x = \beta l_{0y} m_x = 2 \times 6.65 m_x = 13.3m_x$$
$$M'_y = M''_y = \beta\alpha l_{0x} m_x = 2 \times 0.74 \times 5.75 m_x = 8.51m_x$$

由于区格板 A 四周与梁连接，内力折减系数为 0.8，由

$$2M_x + 2M_y + M'_x + M''_x + M'_y + M''_y = pl_{0x}^2(3l_{0y} - l_{0x})/12$$
$$2 \times 5.21m_x + 2 \times 3.19m_x + 2 \times 13.3m_x + 2 \times 8.51m_x$$
$$= 0.8 \times 13.2 \times 5.75^2 \times (3 \times 6.65 - 5.75)/12$$

故得
$$m_x = 6.84 \text{kN} \cdot \text{m/m}$$
$$m_y = \alpha mx = 0.74 \times 6.84 = 5.06 \text{kN} \cdot \text{m/m}$$
$$mx' = mx'' = \beta mx = 2 \times 6.84 = 13.68 \text{ kN} \cdot \text{m/m}$$
$$my' = my'' = \beta my = 2 \times 5.06 = 10.12 \text{ kN} \cdot \text{m/m}$$

② 边区格板 B

$$l_{0x} = 5.75\text{m}；l_{0y} = 6.9 - 0.25/2 - 0.12 + 0.15/2 = 6.73\text{m}$$
$$n = 6.73/5.75 = 1.17，取 \alpha = 1/n^2 = 0.73，\beta = 2.0。$$

由于 B 区格为三边连续一边简支板，无边梁，内力不作折减，又由于短边支座弯矩为已知，$my' = 10.12\text{kN} \cdot \text{m/m}$，则

$$M_x = (l_{0y} - l_{0x}/4)m_x = (6.73 - 5.75/4)m_x = 5.29m_x$$
$$M_y = 3/4\alpha l_{0x} m_x = 3/4 \times 0.73 \times 5.75 m_x = 3.15m_x$$
$$M'_x = M''_x = \beta l_{0y} m_x = 2 \times 6.73 m_x = 13.46m_x$$
$$M'_y = m'_y l_{0x} = 10.12 \times 5.75 = 58.19\text{kN} \cdot \text{m/m}，M''_y = 0$$

代入
$$2M_x + 2M_y + M'_x + M''_x + M'_y + M''_y = pl_{0x}^2(3l_{0y} - l_{0x})/12$$
$$2 \times 5.29m_x + 2 \times 3.15m_x + 2 \times 13.46m_x + 58.19 + 0$$
$$= 13.2 \times 5.75^2 \times (3 \times 6.73 - 5.75)/12$$

故得
$$m_x = 10.66\text{kN} \cdot \text{m/m}$$
$$m_y = \alpha m_x = 0.73 \times 10.66 = 7.78 \text{ kN} \cdot \text{m/m}$$
$$m'_x = m''_x = \beta m_x = 2 \times 10.66 = 21.32 \text{ kN} \cdot \text{m/m}$$

③ 边区格板 C

$$l_{0x} = 6.0\text{m} - 0.25\text{m}/2 - 0.12\text{m} + 0.15\text{m}/2 = 5.83\text{m}；l_{0y} = 6.65\text{m}$$
$$n = 6.65\text{m}/5.83\text{m} = 1.14，取 \alpha = 1/n^2 = 0.77，\beta = 2.0。$$

由于 C 区格为三边连续一边简支板，无边梁，内力不作折减，又由于长边支座弯矩为已知，$m'_x = 13.68\text{kN} \cdot \text{m/m}$，则

$$M_x = (l_{0y} - l_{0x}/4)m_x = (6.65 - 5.83/4)m_x = 5.19m_x$$
$$M_y = 3/4\alpha l_{0x} m_x = 3/4 \times 0.77 \times 5.83 m_x = 3.37m_x$$
$$M'_x = m'_x l_{0y} = 13.68 \times 6.65 = 90.97\text{kN} \cdot \text{m/m}，M''_x = 0$$
$$M'_y = M''_y = \beta\alpha l_{0x} m_x = 2 \times 0.77 \times 5.83 m_x = 8.98m_x$$

代入
$$2M_x + 2M_y + M'_x + M''_x + M'_y + M''_y = pl_{0x}^2(3l_{0y} - l_{0x})/12$$

13

$$2\times 5.19 m_x + 2\times 3.37 m_x + 90.97 + 0 + 2\times 8.98 m_x$$
$$= 13.2\times 5.83^2\times(3\times 6.65 - 5.83)/12$$

故得
$$m_x = 12.46 \text{kN}\cdot\text{m/m}$$
$$m_y = \alpha m_x = 0.77\times 12.46 = 9.59 \text{kN}\cdot\text{m/m}$$
$$m_y' = m_y'' = \beta m_y = 2\times 9.59 = 19.18 \text{kN}\cdot\text{m/m}$$

④ 角区格板 D
$$l_{0x} = 6.0 - 0.25/2 - 0.12 + 0.15/2 = 5.83\text{m};$$
$$l_{0y} = 6.9\text{m} - 0.25/2 - 0.12 + 0.15/2 = 6.73\text{m}$$

$n = 6.73/5.83 = 1.15$，取 $\alpha = 1/n^2 = 0.76$，$\beta = 2.0$。

由于 D 区格为两边连续两边简支板，无边梁，内力不作折减，又由于长短边支座弯矩均为已知，$m_x' = 21.32 \text{kN}\cdot\text{m/m}$，$m_y' = 19.18 \text{kN}\cdot\text{m/m}$，则
$$M_x = (l_{0y} - l_{0x}/4)m_x = (6.73 - 5.83/4)m_x = 5.27 m_x$$
$$M_y = 3/4\alpha l_{0x}m_x = 3/4\times 0.76\times 5.83 m_x = 3.32 m_x$$
$$M_x' = m_x' l_{0y} = 21.32\times 6.73 = 143.48 \text{kN}\cdot\text{m/m}, \quad M_x'' = 0$$
$$M_y' = m_y' l_{0x} = 19.18\times 5.83 = 111.82 \text{kN}\cdot\text{m/m}, \quad M_y'' = 0$$

代入
$$2M_x + 2M_y + M^{x'} + M_x'' + M_y' + M_y'' = p l_{0x}^2(3 l_{0y} - l_{0x})/12$$
$$2\times 5.27 m_x + 2\times 3.32 m_x + 143.48 + 0 + 111.82 + 0$$
$$= 13.2\times 5.83^2\times(3\times 6.73 - 5.83)/12$$

故得
$$m_x = 16.39 \text{kN}\cdot\text{m/m}$$
$$m_y = \alpha m_x = 0.76\times 16.39 = 12.46 \text{kN}\cdot\text{m/m}$$

（2）配筋计算

各区格板跨内及支座弯矩已求得，取截面有效高度 $h_{0x} = 130\text{mm}$，$h_{0y} = 120\text{mm}$，即可按 $A_s = m/(0.95 f_y h_0)$ 计算钢筋截面面积，计算结果见表 1-12，配筋图见图 1-9。

双向板配筋计算　　　　　　　　　　　　　　　　表 1-12

截面			$m(\text{kN}\cdot\text{m})$	$h_0(\text{mm})$	$A_s(\text{mm}^2)$	选配钢筋	实配面积(mm^2)
跨中	A 区格	l_{0x}方向	6.84	130	205	$\phi 8@200$	252
		l_{0y}方向	5.06	120	164	$\phi 8@200$	252
	B 区格	l_{0x}方向	10.66	130	320	$\phi 8@150$	335
		l_{0y}方向	7.78	120	253	$\phi 8@200$	252
	C 区格	l_{0x}方向	12.46	130	374	$\phi 10@200$	393
		l_{0y}方向	9.59	120	312	$\phi 8@150$	335
	D 区格	l_{0x}方向	16.39	130	532	$\phi 10@150$	561
		l_{0y}方向	12.46	120	405	$\phi 8/10@150$	429
支座	A—B		10.12	130	303	$\phi 8@150$	335
	A—C		13.68	130	410	$\phi 10@150$	523
	B—D		21.32	130	639	$\phi 10@100$	785
	C—D		19.18	130	575	$\phi 10@120$	604

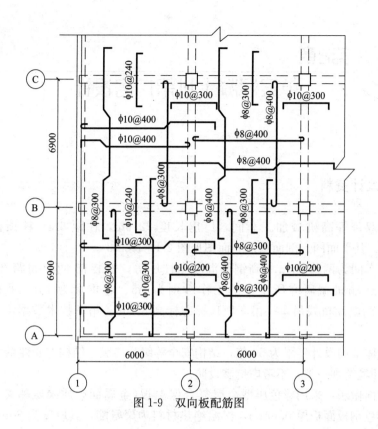

图 1-9 双向板配筋图

第2章
单层混凝土排架厂房设计

2.1　设计资料

　　某双跨等高机械加工车间，厂房长度 72.6m，柱距 6m。柱顶标高为 10.5m，其平面图、剖面图及立面图见图 2-1～图 2-3 。

　　该车间为两跨 21m 等高钢筋混凝土柱厂房，安装有 4 台（每跨 2 台）北京起重运输机械研究所生产的工作级别为 A5、起重量为 10t、吊车跨度 19.5m 的电动桥式吊车。吊车轨顶标志标高 8.0m。吊车技术数据可参考相关资料。

　　主体结构设计年限为 50 年，结构安全等级为二级，结构重要性系数 $\gamma_0 =$ 1.0，环境类别一类，不考虑抗震设防。

　　屋面做法：采用彩色压型金属复合保温板（金属面硬质聚氨酯夹芯板），其中彩色钢板面板厚 0.6mm，保温绝热材料为聚氨酯，其厚度为 80mm。自重标准值为 $0.16kN/m^2$ 。

　　车间的围护墙：窗台一下采用贴砌页岩实心烧结砖砌体墙，墙厚 240mm。双面抹灰各厚 20mm。窗台以上采用外挂彩色压型金属复合保温墙板（金属面硬质聚氨酯夹芯板），彩色钢板面板厚度 0.6mm，保温绝热材料为聚氨酯，其厚度为 80mm，自重标准值为 $0.16kN/m^2$ 。围护墙车间内侧也采用彩色压型金属墙板（单层、非保温），厚度为 0.6mm，自重标准值为 $0.10kN/m^2$ 。

　　根据岩土工程勘察报告，该车间所处地段地势平坦，在基础底面以下无软弱下卧层，车间室内外高差 0.15m，基础埋深为室外地面以下 1.4mm（相对标高为－1.550m）。地基持力层为细砂，承载力修正后的特征值为 $f_a =$ 150kPa。基底以上土的加权平均重度 $\gamma_m = 20kN/m^2$ ，基底以下的土重度 $\gamma =$ 18kN/m^2 。

　　当地的基本雪压为 $0.4kN/m^2$ ，组合值系数为 0.7。基本风压为 $0.4kN/m^2$ ，组合值系数为 0.6，地面粗糙度类别为 B 类。

　　混凝土强度等级采用 C30，钢筋采用 HRB400（主筋），HRB300（箍筋）。

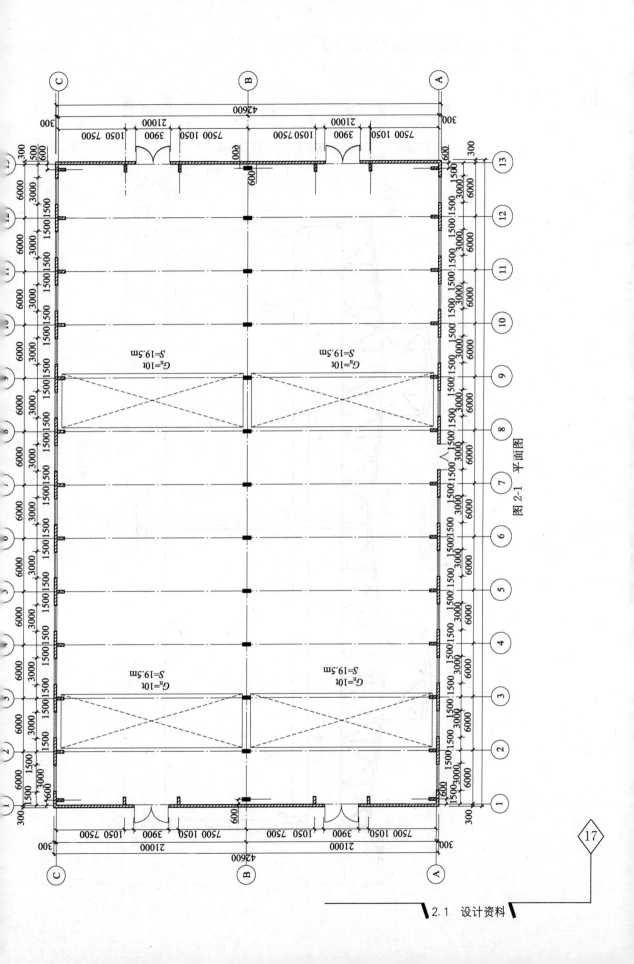

图 2-1 平面图

2.1 设计资料

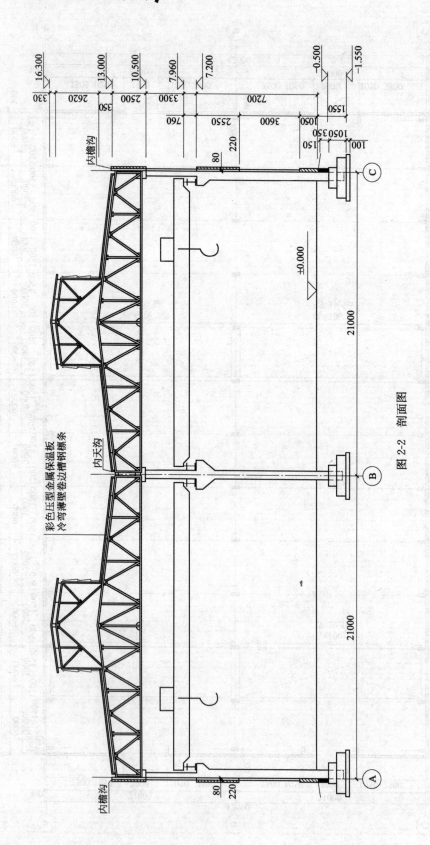

图 2-2　剖面图

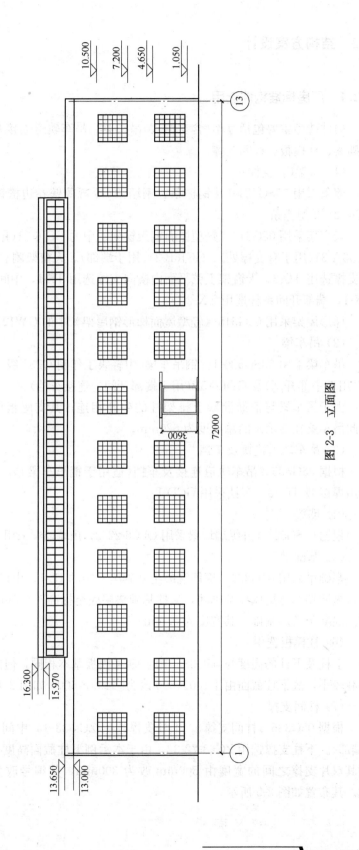

图 2-3 立面图

2.2　结构方案设计

2.2.1　厂房标准构件选用

构件选型主要包括屋架(含支撑)、吊车梁、吊车轨道连接及车挡、墙梁、基础梁、柱模板、柱间支撑。

(1) 屋架(含支撑)

檩条采用 05SG521-1《钢檩条、钢墙梁(冷弯薄壁卷边槽钢檩条)》中的 LC-6-25.2 型檩条。

天窗架采用 05G516《轻型屋面钢天窗架》中的 GCJ6-31(用于无支撑处)、GCJ6A-31(用于有支撑处)、GCJ6B-31(用于端部)。天窗架侧立面柱平面内竖向支撑选用 TC-3,天窗架上弦平面内横向支撑选用 TS-1,中间开间系杆选用 TX-1,端部开间系杆选用 TX-2。

梯形屋架采用 05G515《轻型屋面梯形钢屋架》中的 GWJ21-3。

(2) 吊车梁

吊车梁采用 03SG520-1《钢吊车梁(中轻级工作制 Q235 级)》中的 GDL6-5Z(用于中部开间)及 GDL6-5B(用于端部开间、连接车挡)。

由于吊车梁与钢筋混凝土排架柱的牛腿相连,其支座板厚度为 20mm,因此吊车梁在支承出的总高度为 620mm。

(3) 吊车轨道连接及车挡

根据 05G525《吊车轨道连接及车挡(适用于钢吊车梁)》,吊车轨道连接采用焊接型-TG43,车挡采用 GCD-1。

(4) 墙梁

根据 05SG521-4 外纵墙墙梁采用 QLC6-22.2,山墙墙梁采用 QLC7.5-22.2。

(5) 基础梁

基础梁采用 04G320《钢筋混凝土基础梁》中的 JL-1。山墙下可不设基础梁,纵墙端部至抗风柱基础间,从柱基础垫层底至标高－0.5m 范围内可做成现浇混凝土条形基础,其宽度为 0.5m。

(6) 柱模板选用

上柱及下柱的高度与 05G335 中的 19 号模板基本相同,但由于为轻屋盖,荷载较小,故下柱截面由 I 400×800 改为 □400×600,如图 2-4 所示。

(7) 柱间支撑

根据 05G336《柱间支撑》,上柱支撑选用 ZCs-33-1a(中间)和 ZCs-33-1b(端部)。下柱支撑选用 ZCx8-72-32,由于本示例下柱截面高度为 600mm,故将其双片支撑之间的宽度由 500mm 改为 300mm,其编号改为 ZCx8-72-32 改。其布置如图 2-5 所示。

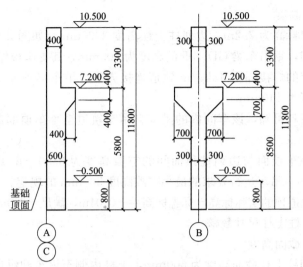

图 2-4 柱模板图

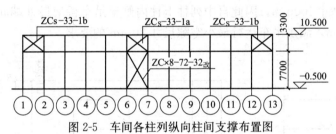

图 2-5 车间各柱列纵向柱间支撑布置图

2.2.2 复核有关尺寸

一、边列柱上柱尺寸复核

（1）上柱截面高度

已知边列柱上柱截面高度为 400mm，即上柱内侧至该车间纵向定位轴线$\textcircled{A}$或$\textcircled{C}$轴尺寸为 400mm，如图 2-6 所示。

吊车轨道中心至纵向定位轴线$\textcircled{A}$或$\textcircled{C}$轴尺寸为 750mm，而吊车桥架最外端至吊车轨道中心尺寸为 238mm，因此，边列柱上柱内侧至吊车桥架最外端间的空隙尺寸＝750－238－400＝112mm＞吊车运行要求的横向最小空隙尺寸 80mm，即上柱截面高度 400mm 符合吊车运行要求。

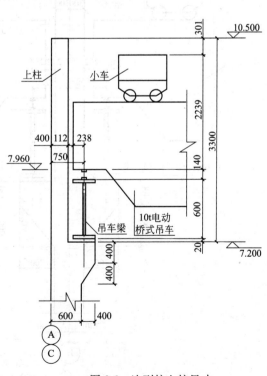

图 2-6 边列柱上柱尺寸

（2）上柱高度

因取牛腿标高为 7.2m，边列柱上柱高度 3300mm，如图 2-6 所示。由之前的选型可知，钢吊车梁 GDL6-5 的高度为 600mm，其支座板厚度为 20mm。根据之前选定的焊接固定 43kg/m 轨道连接方案，吊车梁顶面至吊车轨道顶面之间的高度为 140mm。

查相关资料可知，该车间内的吊车自吊车轨道至小车顶部最高处之间的高度为 2239mm。

因此，小车顶面与边列柱顶面间的空隙高度为 $3300-600-20-140-2239=301mm>$ 吊车运行要求的最小空隙高度 300mm 的规定。

此刻，轨道顶的实际标高－标志标高＝－0.04m，满足±200mm 误差要求。

二、中列柱上柱尺寸复核

（1）上柱截面高度

已知中列柱上柱截面高度为 600mm，上柱内侧至该车间纵向定位轴线Ⓑ轴尺寸为 300mm，如图 2-7 所示。此值小于边列柱上柱内侧至纵向定位轴线Ⓐ或Ⓒ的尺寸 400mm，因此自中列柱上柱内侧至吊车桥架最外端间的空隙尺寸为 212mm，满足吊车运行最小空隙尺寸 80mm 的要求。

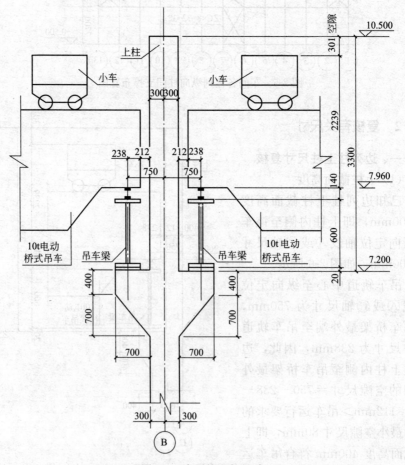

图 2-7　中列柱上柱尺寸

（2）上柱高度

因取中列柱上柱高度为 3300mm，与边列柱相同，因此满足吊车运行要求的最小空隙高度 300mm 的规定。

2.3 排架结构分析

2.3.1 计算简图

对于没有抽柱的单层厂房，计算单元可以取一个柱距，即 6m。排架跨度取厂房的跨度，上柱高度等于柱顶标高减去牛腿顶标高。下柱高度从牛腿顶至基础顶面，基底标高确定后，还需要预估基础高度。基础顶面不能超过室外底面，一般低于底面不少于 50mm，对于边柱，由于基础顶面还需放预制基础梁（基础梁高 450mm），所以排架柱基础顶面一般应低于室外底面 500mm。

故全柱高为 $10.5+0.5=11$m，上柱高度为 3.3m，下柱高度为 7.7m。其截面几何特征见表 2-1。计算简图见图 2-8。

截面几何特征 表 2-1

柱号		截面尺寸(mm)	面积 A(mm²)	惯性矩 I(mm⁴)
Ⓐ列柱	上段柱	正方形 400×400	16×10⁴	21.3×10⁸
	下段柱	矩形 400×600	24×10⁴	72×10⁸
Ⓑ列柱	上段柱	矩形 400×600	24×10⁴	72×10⁸
	下段柱	矩形 400×600	24×10⁴	72×10⁸
Ⓒ列柱	上段柱	正方形 400×400	16×10⁴	21.3×10⁸
	下段柱	矩形 400×600	24×10⁴	72×10⁸

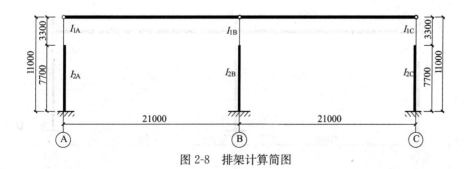

图 2-8 排架计算简图

2.3.2 荷载计算

排架的荷载包括永久荷载、屋面可变荷载、吊车荷载、风荷载和基础梁及其上砖墙自重。荷载均计算其标准值。

23

一、永久荷载

永久荷载包括屋盖自重、上段柱自重、下段柱自重、吊车梁及轨道自重、外纵墙自重。

（1）屋盖自重 P_1

1）屋面永久荷载标准值：

夹芯板荷载标准值	0.16kN/m^2
檩条及拉条	0.10kN/m^2
屋面支撑及吊管线自重	0.10kN/m^2

$$\sum q = 0.36\text{kN/m}^2$$

2）21m 轻型屋面梯形钢屋架 GWJ21-3 自重 12.24kN/榀。

3）轻型屋面 6m 钢天窗架及其支撑自重 $0.15×6×6=5.4\text{kN/榀}$。

4）天窗窗扇（包括窗挡）自重 $0.45×6×2.65×2=14.3\text{kN/开间}$。

因此作用在边柱柱顶截面中心处由屋架传来的屋盖自重标准值 P_{1A}（C 轴柱子受力情况与 A 轴柱子完全一样）：

$$P_{1A}=\frac{0.36×6×21}{2}+\frac{12.24}{2}+\frac{5.4}{2}+\frac{14.3}{2}=38.7\text{kN}$$

P_{1A} 对边柱柱顶截面重心产生的弯矩标准值 M_{1A}：

$$M_{1A}=P_{1A}e_{1A}=38.7×0.05=1.9\text{kN}\cdot\text{m}$$

上柱轴力对下柱产生偏心弯矩标准值 M_{1A2}：

$$M_{1A2}=P_{1A}e_A=38.7×0.1=3.87\text{kN}\cdot\text{m}$$

作用在中柱柱顶截面重心处由屋架传来的屋盖自重标准值 P_{1B}：

$$P_{1B}=2×38.7=77.4\text{kN}$$

P_{1B} 对中柱柱顶截面重心产生的弯矩标准值 M_{1B}：

$$M_{1B}=P_{1B}e_{1B}=77.4×0=0\text{kN}\cdot\text{m}$$

屋盖自重荷载简图如图 2-9 所示。

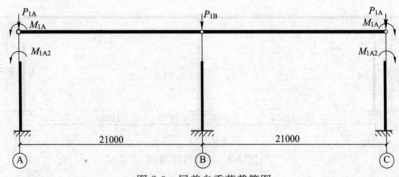

图 2-9 屋盖自重荷载简图

（2）柱自重 P_2 与 P_3（忽略牛腿自重）

1）边柱

上柱：$P_{2A}=3.3×0.4×0.4×25=13.2\text{kN}$

$$M_{2A}=13.2×0.1=1.32\text{kN}\cdot\text{m}$$

下柱：$P_{3A} = 7.7 \times 0.4 \times 0.6 \times 25 = 46.2 \text{kN}$

2）中柱

上柱：$P_{2B} = 3.3 \times 0.4 \times 0.6 \times 25 = 19.8 \text{kN}$

下柱：$P_{3B} = 7.7 \times 0.4 \times 0.6 \times 25 = 46.2 \text{kN}$

柱自重荷载简图如图 2-10 所示。

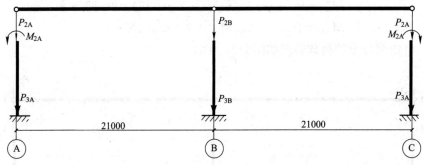

图 2-10　柱自重荷载简图

（3）吊车梁及吊车轨道连接自重 P_4

1）边柱吊车梁及轨道连接自重 P_{4A} 及偏心弯矩 M_{4A}

根据之前的选用已知，GDL6-5 吊车梁自重为 6.04kN/根。轨道连接自重为 $(0.4465 + 0.0962) \times 6 = 3.26 \text{kN/根}$。

$$P_{4A} = 6.04 + 3.26 = 9.30 \text{kN}$$

$$M_{4A} = P_{4A} e_{4A} = 9.30 \times (0.75 - 0.3) = 4.185 \text{kN} \cdot \text{m}$$

2）中柱吊车梁自重 P_{4B} 及偏心弯矩 M_{4B}

$$P_{4B} = 2 \times 9.30 = 18.60 \text{kN}$$

$$M_{4B} = P_{4B} e_{4B} = 18.60 \times 0 = 0 \text{kN} \cdot \text{m}$$

吊车梁及吊车轨道连接自重荷载如图 2-11 所示。

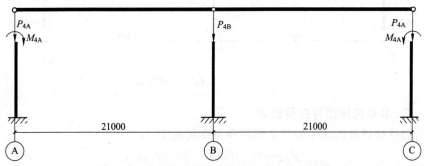

图 2-11　吊车梁及吊车轨道连接自重荷载简图

（4）外纵墙自重 P_5

为简化计算，忽略门窗自重与压型钢板保温夹芯板墙面自重的差别，均按墙面自重计算。此外忽略墙面自重由多个墙梁传至柱上的实际情况，采用全部墙面自重集中传至上柱柱顶的简化方法（窗台以下砌体墙自重由基础梁承受）。

外纵墙墙面自重　　　　　　　　　　　　　　　　$0.26kN/m^2$

檩条及拉条自重　　　　　　　　　　　　　　　　$0.10kN/m^2$

$$\sum q = 0.36kN/m^2$$

因此外纵墙自重 $P_{5A} = (13 - 1.05) \times 6 \times 0.36 = 25.81kN$

外纵墙自重 P_{5A} 对边柱上柱柱顶截面重心产生的弯矩标准值 M_{5A}：

$$M_{5A} = P_{5A}e_{5A} = 25.81 \times (0.2 + 0.15) = 9.0kN \cdot m$$

$$M_{5A2} = P_{5A}e_{A} = 25.81 \times 0.1 = 2.58kN \cdot m$$

外纵墙自重的荷载简图如图 2-12 所示。

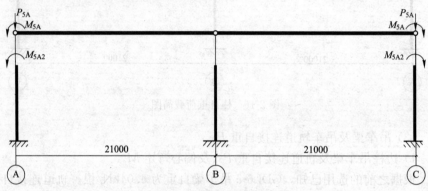

图 2-12　外纵墙自重荷载简图

因此全部永久荷载标准值的荷载简图如图 2-13 所示。

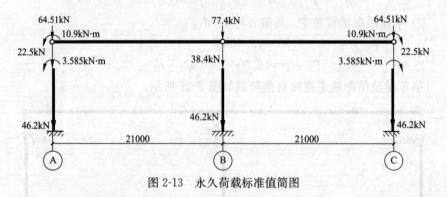

图 2-13　永久荷载标准值简图

二、B-C 跨屋面可变荷载 P_6

边柱柱顶截面由屋架传来的屋面可变荷载 P_{6A}：

$$P_{6A} = 21 \times 6 \times 0.5/2 = 31.5kN$$

此荷载对边柱柱顶截面重心的偏心弯矩 M_{6A}：

$$M_{6A} = 31.5 \times 0.05 = 1.6kN \cdot m$$

$$M_{6A2} = 31.5 \times 0.1 = 3.15kN \cdot m$$

中柱柱顶截面由屋架传来的屋面可变荷载 P_{6B}：

$$P_{6B} = 21 \times 6 \times 0.5 = 63.0kN$$

屋架对中柱的偏心距为 0.15m，此荷载对中柱柱顶截面重心的偏心弯

矩 M_{6B}：

$$M_{6B}=31.5\times0.15=4.725\text{kN}\cdot\text{m}$$

因此，屋面 B-C 跨在可变荷载标准值作用下的排架简图如图 2-14 所示。A-B 跨由对称可得，计算时注意可变荷载的不利布置。

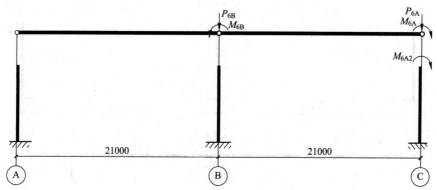

图 2-14　屋面可变荷载标准值简图

三、吊车荷载标准值

查阅附录，得到其技术资料如表 2-2 所示。

吊车技术资料　　　　　　　　　　　　　　　　　表 2-2

吊车最大宽度 B(mm)	吊车轮距 W(mm)	最大轮压 P_{max}(kN)	最小轮压 P_{min}(kN)	小车重量 G_1(t)	吊车总重量 G_2(t)	额定起重量 Q(t)
5922	4100	117.6	37.9	4.084	21.7	10

（1）吊车竖向荷载 D_{max}、D_{min}

绘制支座反力影响线如图 2-15 所示。

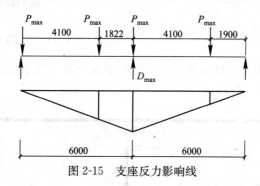

图 2-15　支座反力影响线

$$D_{max}=\frac{P_{max}(6000+1900+4178+78)}{6000}=2.026\times117.6=238.3\text{kN}$$

D_{max} 对边柱下柱截面重心的偏心距 $e=750-300=450\text{mm}$

D_{max} 对中柱下柱截面重心的偏心距 $e=750\text{mm}$

同理可求：

$$D_{min}=\frac{P_{min}(6000+1900+4178+78)}{6000}=2.026\times37.9=76.8\text{kN}$$

D_{min} 对边柱下柱截面重心的偏心距 $e=750-300=450\text{mm}$

D_{min} 对中柱下柱截面重心的偏心距 $e=750\text{mm}$

D_{max}、D_{min} 及其作用位置见图 2-16 所示。

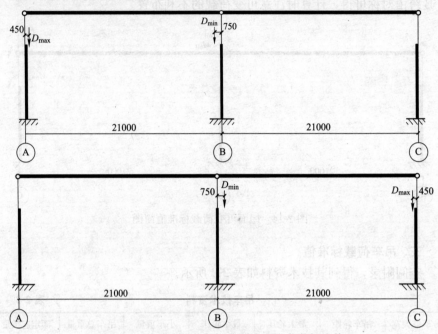

图 2-16　作用在排架柱上的吊车竖向荷载标准值

（2）吊车横向水平荷载 T_{max}

每台吊车每个车轮刹车时的最大横向水平荷载标准值 T：

$$T=\frac{0.12(Q+G_1)g}{4}=\frac{0.12\times(10+4.084)\times9.8}{4}=4.14\text{kN}$$

$$T_{max}=\frac{T(6000+1900+4178+78)}{6000}=2.026\times4.14=8.4\text{kN}$$

其作用位置距离下柱顶部尺寸＝吊车梁高＋吊车梁垫板高＝0.6+0.02＝0.62m，如图 2-17 所示。

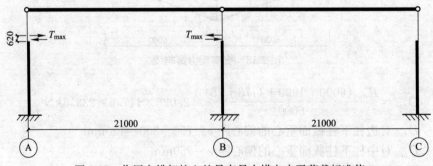

图 2-17　作用在排架柱上的吊车最大横向水平荷载标准值

四、风荷载标准值

（1）柱顶以上屋盖所受风力（风向右吹）

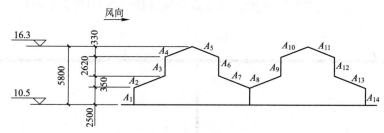

图 2-18　屋盖各受风面积编号

风压高度变化系数 μ_z 按屋盖相对室外底面的平均高度 13.55m 计算：

$$\mu_z = 1 + \frac{1.13-1}{15-10}(13.55-10) = 1.09$$

屋盖各受风面积 A_i 值（m^2）$= 6h_i$（其中 h_i 为迎风面高度，单位为"m"）

屋盖各受风面积的数值　　　　　　　　　　　　　表 2-3

受风面积编号	A_1、A_{14}	A_2、A_7、A_8、A_{13}	A_3、A_6、A_9、A_{12}	A_4、A_5、A_{10}、A_{11}
迎风面高度 h_i（m）	2.5	0.35	2.62	0.33
受风面积 $A_i = 6h_i$（m^2）	15	2.1	15.72	1.98

故作用在柱顶的屋盖的所受风力为：

$$\begin{aligned} V &= 1.09 \times 0.4 \times (0.8 \times 15 - 0.2 \times 2.1 + 0.6 \times 15.72 - 0.7 \times 1.98 + 0.7 \\ &\quad \times 1.98 + 0.6 \times 15.72 + 0.5 \times 2.1 - 0.5 \times 2.1 + 0.6 \times 15.72 - 0.6 \\ &\quad \times 1.98 + 0.6 \times 1.98 + 0.5 \times 15.72 + 0.4 \times 2.1 + 0.4 \times 15) \\ &= 23.80 \text{kN}(\rightarrow) \end{aligned}$$

（2）柱顶以下排架柱上所受风力

当风向右吹时，为简化计算，自基础顶面至柱顶截面高度范围内按墙面传来均布风荷载计算，如图 2-19 所示。

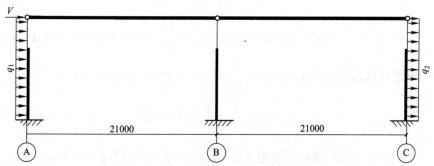

图 2-19　作用在排架柱上的左风荷载简图

μ_z 取柱顶处（距离室外地面 10.65m）$= 1.02$。

$$q_1 = 6\beta_z \mu_s \mu_z w_0 = 6 \times 1 \times 0.8 \times 1.02 \times 0.4 = 1.96 \text{kN/m}(\rightarrow)$$

$$q_2 = 6\beta_z \mu_s \mu_z w_0 = 6 \times 1 \times 0.4 \times 1.02 \times 0.4 = 0.98 \text{kN/m}(\rightarrow)$$

因此，左风时考虑屋盖风荷载及墙面风荷载的排架柱所受风荷载标准值如图 2-19 所示。

同理，右风时考虑屋盖风荷载及墙面风荷载的排架柱所受风荷载标准值如图 2-20 所示。

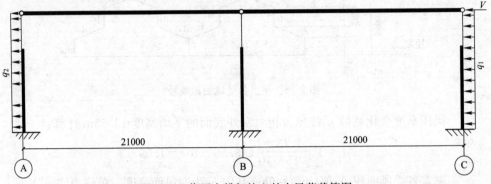

图 2-20　作用在排架柱上的右风荷载简图

五、基础梁及其上砖墙自重(仅 A、C 轴基础)

基础梁自重标准值为 16.1kN

窗下基础梁上的砖墙自重标准值为 $6\times 0.28\times 19\times 1.1=35.1$kN

外纵墙传至基础的永久荷载标准值

$$P_7=35.1+16.1=51.2\text{kN}$$

其作用位置距离Ⓐ、Ⓒ柱列下柱截面重心轴的距离 $e=0.42$m，如图 2-21 所示。

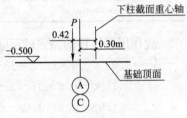

图 2-21　荷载偏心示意图

2.3.3　内力计算

一、剪力分配系数 η

$$\lambda=\frac{H_u}{H}=\frac{3.30}{11.00}=0.300$$

边柱 A、C：上部柱截面惯性矩 $I_{uA}=I_{uC}=\frac{1}{12}\times 400\times 400^3=2.13\times 10^9\text{mm}^4$

下部柱截面惯性矩 $I_{lA}=I_{lC}=\frac{1}{12}\times 400\times 600^3=7.2\times 10^9\text{mm}^4$

$$n_A=n_C=\frac{I_u}{I_l}=\frac{2.13}{7.2}=0.296$$

中柱 B：上部柱截面惯性矩 $I_{uB}=\frac{1}{12}\times 400\times 600^3=7.2\times 10^9\text{mm}^4$

下部柱截面惯性矩 $I_{lB}=\frac{1}{12}\times 400\times 600^3=7.2\times 10^9\text{mm}^4$

$$n_B=\frac{I_{uB}}{I_{lB}}=\frac{7.2}{7.2}=1.000$$

柱号	$n=\dfrac{I_1}{I_2}$	$C_0=\dfrac{3}{1+\lambda^3\left(\dfrac{1}{n}-1\right)}$	$\delta=\dfrac{H^3}{E_c I_u C_0}$	$\eta=\dfrac{\dfrac{1}{\delta_i}}{\sum\dfrac{1}{\delta_i}}$
A柱	0.296	2.82	$\dfrac{10^{-9}}{7.2\times2.82}\cdot\dfrac{H^3}{E_c}$	$\eta_A=0.326$
B柱	1.000	3.00	$\dfrac{10^{-9}}{7.2\times3.00}\cdot\dfrac{H_2^3}{E_c}$	$\eta_B=0.348$
C柱	0.296	2.82	$\dfrac{10^{-9}}{7.2\times2.82}\cdot\dfrac{H^3}{E_c}$	$\eta_A=0.326$

二、恒载作用下的内力

（1）恒载作用计算简图如图 2-13 所示，$\lambda=0.300$，$H=11.00$m。

$$S_A=S_C=1+\lambda^3\left(\frac{1}{n_A}-1\right)=1+0.300^3\times\left(\frac{1}{0.296}-1\right)=1.064$$

$$S_B=1+\lambda^3\left(\frac{1}{n_B}-1\right)=1+0.300^3\times\left(\frac{1}{1.000}-1\right)=1$$

查附录可得：

柱号	$M(\text{kN}\cdot\text{m})$	n	C_1	$R=-\dfrac{M}{H}C_1(\text{kN})$
A柱	−10.9	0.296	1.71	1.69
B柱	0	1.000	1.50	0
C柱	10.9	0.296	1.71	−1.69

查附录可得：

柱号	$M(\text{kN}\cdot\text{m})$	n	C_3	$R=-\dfrac{M}{H}C_3(\text{kN})$
A柱	−3.59	0.296	1.28	0.42
B柱	0	1.000	1.37	0
C柱	3.59	0.296	1.28	−0.42

（2）各柱铰支座反力 R：

A柱铰支座反力 $R_A=1.69+0.42=2.11\text{kN}$

B柱铰支座反力 $R_B=0+0=0$

C柱铰支座反力 $R_C=-1.69+(-0.42)=-2.11\text{kN}$

$$R=R_A+R_B+R_C=2.11+0-2.11=0$$

（3）各柱顶剪力 V：

$V_A=-\eta_A R+R_A=0+2.11=2.11\text{kN}(\rightarrow)$

$V_B=-\eta_B R+R_B=0$

$V_C=-\eta_C R+R_C=0+(-2.11)=-2.11\text{kN}(\leftarrow)$

(4) M(kN·m)图见图 2-22。

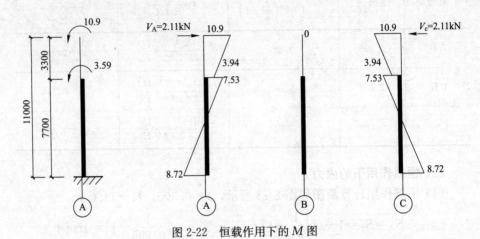

图 2-22　恒载作用下的 M 图

(5) N(kN)图见图 2-23。

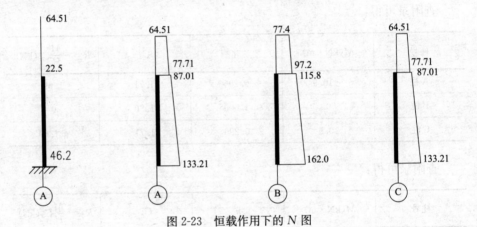

图 2-23　恒载作用下的 N 图

(6) V 图略。

三、B-C 跨屋面可变荷载作用下的内力

(1) 计算简图如图 2-14 所示。

$\lambda = 0.300$，$H = 11.00$m。查附录可得：

柱号	M(kN·m)	n	C_1	$R = -\dfrac{M}{H}C_1$(kN)
A柱	0	0.296	1.71	0
B柱	$31.5 \times 0.15 = 4.73$	1.000	1.50	-0.65
C柱	1.6	0.296	1.71	-0.25

查附录可得：

柱号	$M(\mathrm{kN \cdot m})$	n	C_3	$R=-\dfrac{M}{H}C_3(\mathrm{kN})$
A柱	0	0.296	1.28	0
B柱	0	1.000	1.37	0
C柱	3.15	0.296	1.28	−0.37

（2）各柱铰支座反力 R：

A柱铰支座反力 $R_A=0+0=0$

B柱铰支座反力 $R_B=-0.65+0=-0.65\mathrm{kN}$

C柱铰支座反力 $R_C=-0.25+(-0.37)=-0.62\mathrm{kN}$

$$R=R_A+R_B+R_C=0+(-0.65)+(-0.62)=-1.27\mathrm{kN}$$

（3）各柱顶剪力 V：

$$V_A=-\eta_A R+R_A=0.326\times1.27+0=0.41\mathrm{kN}(\rightarrow)$$

$$V_B=-\eta_B R+R_B=0.348\times1.27+(-0.65)=-0.21\mathrm{kN}(\leftarrow)$$

$$V_C=-\eta_C R+R_C=0.326\times1.27+(-0.62)=-0.21\mathrm{kN}(\leftarrow)$$

（4）$M(\mathrm{kN \cdot m})$ 图见图 2-24。

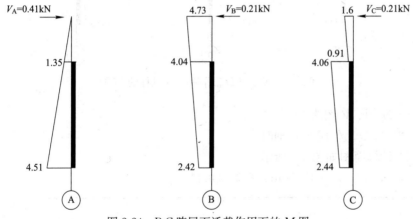

图 2-24　B-C 跨屋面活载作用下的 M 图

（5）N 图、V 图略。

四、A-B 跨吊车竖向荷载作用下的内力

B-C 跨吊车竖向荷载作用下的内力可由对称性求得。

（1）当 $D_{\max}$ 作用在 A 轴时

1）计算简图如图 2-16 所示。

$\lambda=0.300$，$H=11.00\mathrm{m}$。查附录可得：

柱号	$M(\mathrm{kN \cdot m})$	n	C_3	$R=-\dfrac{M}{H}C_3(\mathrm{kN})$
A柱	107.24	0.296	1.28	−12.48
B柱	−57.60	1.000	1.37	7.17

2）各柱铰支座反力 R：

A 柱铰支座反力 $R_A = -12.48\text{kN}$

B 柱铰支座反力 $R_B = 7.17\text{kN}$

$$R = R_A + R_B = -12.48 + 7.17 = -5.31\text{kN}$$

3）各柱顶剪力 v：

$$V_A = -\eta_A R + R_A = 0.326 \times 5.31 + (-12.48) = -10.75\text{kN}(\leftarrow)$$

$$V_B = -\eta_B R + R_B = 0.348 \times 5.31 + 7.17 = 9.02\text{kN}(\rightarrow)$$

$$V_C = -\eta_C R = 0.326 \times 5.31 = 1.73\text{kN}(\rightarrow)$$

4）$M(\text{kN} \cdot \text{m})$ 图见图 2-25。

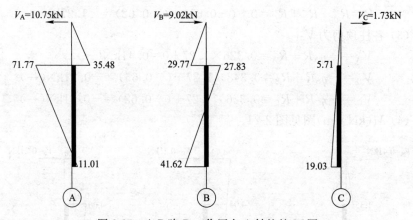

图 2-25　A-B 跨 D_{max} 作用在 A 轴柱的 M 图

5）N 图、V 图略。

（2）当 D_{max} 作用在 B 轴时

1）计算简图如图 2-6 所示。

$\lambda = 0.300$，$H = 11.00\text{m}$。查附录可得：

柱号	$M(\text{kN} \cdot \text{m})$	n	C_3	$R = -\dfrac{M}{H}C_3(\text{kN})$
A 柱	34.56	0.296	1.28	-4.02
B 柱	-178.73	1.000	1.37	22.26

2）各柱铰支座反力 R：

A 柱铰支座反力 $R_A = -4.02\text{kN}$

B 柱铰支座反力 $R_B = 22.26\text{kN}$

$$R = R_A + R_B = -4.02 + 22.26 = 18.24\text{kN}$$

3）各柱顶剪力 V：

$$V_A = -\eta_A R + R_A = -0.326 \times 18.24 + (-4.02) = -9.97\text{kN}(\leftarrow)$$

$$V_B = -\eta_B R + R_B = -0.348 \times 18.24 + 22.26 = 15.91\text{kN}(\rightarrow)$$

$$V_C = -\eta_C R = -0.326 \times 18.24 = -5.95\text{kN}(\leftarrow)$$

4）$M(\text{kN} \cdot \text{m})$ 图见图 2-26。

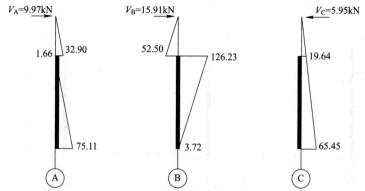

图 2-26　A-B 跨 D_{max} 作用在 B 轴柱的 M 图

5）N 图、V 图略。

五、A-B 跨吊车水平荷载作用下的内力

B-C 跨吊车水平荷载作用下的内力可由对称性求得。

（1）计算简图如图 2-17 所示（注意左右相同）。

$$\lambda = 0.300，a = \frac{3.3 - 0.02 - 0.6}{3.3} = 0.81。$$

查附录可得：

柱号	T(kN)	n	C_5	$R = -TC_5$(kN)
A 柱	-8.4	0.296	0.61	5.12
B 柱	-8.4	1.000	0.64	5.38

（2）各柱铰支座反力 R：

A 柱铰支座反力 $R_A = 5.12$kN

B 柱铰支座反力 $R_B = 5.38$kN

$$R = R_A + R_B = 5.12 + 5.38 = 10.50\text{kN}$$

（3）各柱顶剪力 V：

$$V_A = -\eta_A R + R_A = -0.326 \times 10.50 + 5.12 = 1.70\text{kN}(\rightarrow)$$

$$V_B = -\eta_B R + R_B = -0.348 \times 10.50 + 5.38 = 1.73\text{kN}(\rightarrow)$$

$$V_C = -\eta_C R = -0.326 \times 10.50 = -3.42\text{kN}(\leftarrow)$$

（4）M(kN·m) 图见图 2-27

（5）N 图、V 图略。

六、风荷载作用下的内力

这里仅计算左风荷载下的内力，右风荷载下可由对称性求得。

（1）计算简图如图 2-9 所示。

$$\lambda = 0.300，H = 11.00\text{m}，\overline{W} = 23.80\text{kN}。$$

查附录可得：

柱号	均布 q(kN/m)	n	C_6	$R = -qHC_6$(kN)

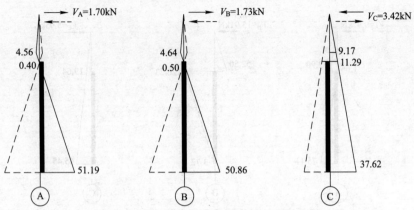

图 2-27　A-B 跨吊车水平荷载作用下的 M 图

| A 柱 | 1.96 | 0.296 | 0.359 | −7.74 |
| C 柱 | 0.98 | 0.296 | 0.359 | −3.87 |

（2）各柱铰支座反力 R：

A 柱铰支座反力 $R_A = -7.74\text{kN}$

C 柱铰支座反力 $R_C = -3.87\text{kN}$

$$R = -\overline{W} + R_A + R_C = -23.80 - 7.74 - 3.87 = -35.41\text{kN}$$

（3）各柱顶剪力 V：

$$V_A = -\eta_A R + R_A = 0.326 \times 35.41 + (-7.74) = 3.80\text{kN}(\rightarrow)$$

$$V_B = -\eta_B R = 0.348 \times 35.41 = 12.32\text{kN}(\rightarrow)$$

$$V_C = -\eta_C R + R_C = 0.326 \times 35.41 + (-3.87) = 7.67\text{kN}(\rightarrow)$$

（4）$M(\text{kN} \cdot \text{m})$ 图见图 2-28。

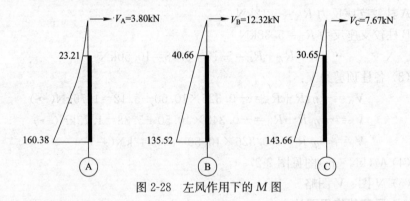

图 2-28　左风作用下的 M 图

（5）N 图、V 图略。

2.3.4　内力组合

以 A 轴柱为例，其各种荷载作用下的内力（标准值）列于表 2-4，控制截面的内力组合列于表 2-5。

表 2-4

A 轴柱内力（标准值）

荷载种类	恒载	屋面活载		吊车竖向荷载				吊车水平荷载		风载	
				AB 跨两台		BC 跨两台		AB 跨两台	BC 跨两台	左风	右风
		A-B 跨有	B-C 跨有	D_{max} 在 A 柱	D_{max} 在 B 柱	D_{max} 在 B 柱	D_{max} 在 C 柱				
编号	a	b	c	d	e	f	g	h	i	j	k
内力图	10.9 / 3.94 / 77.53 / 8.72	1.6 / 0.91 / 4.06 / 2.44	1.35 / 4.51	71.77 / 35.48 / 11.01	1.66 / 32.90 / 75.11	19.64 / 65.45	5.71 / 19.03	4.56 / 0.40 / 51.19	9.17 / 11.29 / 37.62	23.21 / 160.38	30.65 / 143.66
控制截面 1—1 M(kN·m)	−3.94	−0.91	1.35	−35.48	−32.90	19.64	−5.71	±0.40	∓11.29	23.21	−30.65
控制截面 1—1 N(kN)	77.7	31.5	0	0	0	0	0	0	0	0	0
控制截面 2—2 M(kN·m)	−7.53	−4.06	1.35	71.77	1.66	19.64	−5.71	±0.40	∓11.29	23.21	−30.65
控制截面 2—2 N(kN)	87.0	31.5	0	238.3	76.8	0	0	0	0	0	0
控制截面 3—3 M(kN·m)	8.72	−2.44	4.51	−11.01	−75.11	65.45	−19.03	∓51.19	∓37.62	160.38	−143.66
控制截面 3—3 N(kN)	133.2	31.5	0	238.3	76.8	65.45	0	0	0	0	0
控制截面 3—3 V(kN)	−2.11	−0.21	−0.41	10.75	9.97	−5.95	1.73	±6.70	±3.42	−25.36	18.45

表 2-5

A 轴柱内力组合表

载面	内力	+M_max 及相应 N、V 组合项	数值	−M_max 及相应 N、V 组合项	数值	N_max 及相应 M、V 组合项	数值	N_min 及相应 M、V 组合项	数值
1—1	M(kN·m)	$1.0a+1.4[0.7c+0.7\times0.9(f+i+)+l]$ (4)	57.16	$1.2a+1.4[0.7b+0.7\times0.8(d+g+i-)+k]$	−89.67	$1.2a+1.4[0.7b+0.7\times0.8(d+g+i-)+0.6k]$	−72.89	$1.0a+1.4[0.7\times0.8(d+g+i-)+k]$	−87.99
	N(kN)		77.7		124.1		137.3		77.7
2—2	M(kN·m)	$1.0a+1.4\{0.7c+0.8[d+0.7(f+i+)]+0.6j\}$	117.92	$1.2a+1.4[0.7b+0.7\times0.9(g+i-)+k]$	−70.92	$1.2a+1.4[0.7b+0.7c+0.9(d+i+)+0.6j]$ (5)	98.74	$1.0a+1.4[0.7\times0.9(g+i-)+k]$	−65.43
	N(kN)		353.9		135.3		435.5		87.0
	M(kN·m)		330.32		−308.73		197.84		328.58
	(6)M_k(kN·m)		237.19		−218.03		142.56		237.19
3—3	N(kN)	$1.2a+1.4[0.7c+0.7\times0.9(f+i+)+l]$	159.8	$1.0a+1.4[0.7b+0.7c+0.8(e+g+h-)+k]$	224.3	$1.2a+1.4[0.7b+0.7c+0.9(d+h+)+0.6j]$	491.0	$1.0a+1.4[0.7c+0.7\times0.9(f+i+)+l]$	133.2
	N_k(kN)		133.2		198.3		369.7		133.2
	V(kN)		−46.70		37.94		−19.34		−46.28
	V_k(kN)		−33.66		26.50		−14.12		−33.66

注：1. 柱采用对称配筋：

上柱 $N_b=\alpha_1 f_c b\xi_b h_0=1.0\times14.3\times400\times0.518\times(400-40)=1066.67kN$

下柱 $N_b=\alpha_1 f_c b\xi_b h_0=1.0\times14.3\times400\times0.518\times(600-40)=1659.26kN$

2. 组合中应注意 d 与 e 只能取其中之一，f 与 g，h 与 i，j 与 k 也一样，并且如果取 h（或 i），则一定要取 d 或 e（或 f 或 g）；

3. 两台吊车荷载折减系数为 0.9，四台吊车荷载组合值系数为 0.8；屋面活荷载组合系数为 0.7，吊车荷载取 0.7，风荷载取 0.6；

4. $1.0a+1.4[0.7c+0.7\times0.9(f+i+)+l]$ 中，j 项为可变荷载效应中起控制作用者，i 项取正，即吊车水平荷载取向右，剪力的正负号可对应确定；

5. 考虑四台吊车的组合项 $1.2a+1.4\{0.7b+0.7c+0.8[d+0.7(f+i+)+0.6j\}$ 轴力为 402.2kN＜435.5kN，应取表中组合项；

6. 设计基础需要荷载效应组合的标准值。如+M_max 组合项为 $a+0.7c+0.7\times0.9(f+i+)+l$。

2.3.5 柱设计(A 轴柱)

一、设计资料

截面尺寸：上柱，矩形，$b=400\text{mm}$，$h=400\text{mm}$

下柱，矩形，$b=400\text{mm}$，$h=600\text{mm}$

材料等级：混凝土 C30，$f_c=14.3\text{N/mm}^2$

钢筋 HRB400 级 $f_y=f'_y=360\text{N/mm}^2$

钢筋 HPB300 级 $f_y=f'_y=270\text{N/mm}^2$

计算长度：查《钢筋混凝土结构设计》中的表 3-5。

排架方向：上柱，$l_0=2.0H_u=2.0\times3.3=6.6\text{m}$

下柱，$l_0=1.0H_l=1.0\times7.7=7.7\text{m}$

[当不考虑吊车荷载时(多跨)：$l_0=1.25H=1.25\times11.0=13.75\text{m}$]

垂直排架方向：上柱：$l_0=1.25H_u=1.25\times3.3=4.13\text{m}$

下柱：$l_0=0.8H_l=0.8\times7.7=6.16\text{m}$

二、配筋计算(采用对称配筋)❶

(1) 上柱(I—I 截面)

从内力组合表(表 2-5)中可知，各组合内力均为大偏压($N<N_b$，$N_b=$

1066.67kN)。由 N 与 M 的相关性可确定 $\begin{cases} M=-87.99\text{kN·m} \\ N=77.7\text{kN} \end{cases}$ 为该截面所需

配筋最多的内力，即控制内力。

$$x=\frac{N}{\alpha_1 f_c b}=\frac{77.7\times10^3}{1.0\times14.3\times400}=13.58\text{mm}<2a'_s(=2\times40=80\text{mm})$$

取 $x=80\text{mm}$，则

$$h_0=h-a_s=400-40=360\text{mm}$$

$$e_0=\frac{|M|}{N}=\frac{87.99\times10^6}{77.7\times10^3}=1132.43\text{mm}>0.3h_0(=0.3\times360=108\text{mm})$$

$$\frac{h}{30}=\frac{400}{30}=13.33<20\text{mm}，取 e_a=20\text{mm}$$

$$e_i=e_0+e_a=1132.43+20=1152.43\text{mm}$$

对于组合 $\begin{cases} M=-87.99\text{kN·m} \\ N=77.7\text{kN} \end{cases}$，对应上柱柱顶弯矩 $M=1.0\times(-10.9)=$

-10.9kN·m

$$\frac{M_1}{M_2}=\frac{|-10.9|}{|-87.99|}=0.12<0.9；轴压比 \frac{N}{Af_c}=\frac{77.7\times10^3}{400^2\times14.3}=0.03<0.9$$

$$\therefore \frac{l_0}{i}=\frac{6.6\times10^3}{\sqrt{\dfrac{\frac{1}{12}\times400\times400^3}{400^2}}}=57.2>34-12\frac{M_1}{M_2}=34-12\times0.12=32.6$$

❶ 排架结构柱考虑二阶效应的弯矩设计值计算见《混凝土结构设计规范》GB 50010—2010 附录 B.0.4 条。

∴ 截面需要考虑附加弯矩的影响。

$$\xi_c = \frac{0.5f_cA}{N} = \frac{0.5 \times 14.3 \times 400^2}{77.7 \times 10^3} = 14.7 > 1.0, \ \text{取} \ \xi_c = 1.0$$

$$\eta_s = 1 + \frac{1}{1500e_i/h_0}\left(\frac{l_0}{h}\right)^2 \xi_c^{(1)} = 1 + \frac{1}{1500 \times 1152.43/360} \times \left(\frac{6.6 \times 10^3}{400}\right)^2 \times 1.0$$

$$= 1.057$$

$$M = \eta_s M_2 = -1.057 \times 87.99 = -93.01 \text{kN} \cdot \text{m}$$

考虑附加弯矩时：

$$e_i = e_0 + e_a = \frac{93.01 \times 10^6}{77.7 \times 10^3} + 20 = 1217.0 \text{mm}$$

$$e' = e_i - h/2 + a'_s = 1217.0 - 400/2 + 40 = 1057.0 \text{mm}$$

$$A'_s = A_s = \frac{Ne'}{f_y(h_0 - a'_s)} = \frac{77.7 \times 10^3 \times 1057.0}{360 \times (360 - 40)} = 712.9 \text{mm}^2$$

$$A'_{ssmin} = (0.55\%/2) \times A = 0.00275 \times 400 \times 400 = 440 \text{mm}^2 < 712.9 \text{mm}^2$$

选配 $3\Phi18(A'_s = A_s = 763 \text{mm}^2 > 712.9 \text{mm}^2)$

(2) 下柱(II-II 截面和 III-III 截面)

从内力组合表(表 2-4)中可知，各组合内力均为大偏压($N < N_b$，$N_b = 1659.26 \text{kN}$)，其 M 与 N 的数值如下：

$$\begin{cases} M = 117.92 \text{kN} \cdot \text{m} \\ N = 353.9 \text{kN} \end{cases} \qquad \begin{cases} M = -70.92 \text{kN} \cdot \text{m} \\ N = 135.3 \text{kN} \end{cases}$$
$$\qquad\qquad\text{(a)} \qquad\qquad\qquad\qquad\qquad \text{(b)}$$

$$\begin{cases} M = 98.74 \text{kN} \cdot \text{m} \\ N = 435.5 \text{kN} \end{cases} \qquad \begin{cases} M = -65.43 \text{kN} \cdot \text{m} \\ N = 87.0 \text{kN} \end{cases}$$
$$\qquad\qquad\text{(c)} \qquad\qquad\qquad\qquad\qquad \text{(d)}$$

$$\begin{cases} M = 330.32 \text{kN} \cdot \text{m} \\ N = 159.8 \text{kN} \end{cases} \qquad \begin{cases} M = -308.73 \text{kN} \cdot \text{m} \\ N = 224.3 \text{kN} \end{cases}$$
$$\qquad\qquad\text{(e)} \qquad\qquad\qquad\qquad\qquad \text{(f)}$$

$$\begin{cases} M = 197.84 \text{kN} \cdot \text{m} \\ N = 419.0 \text{kN} \end{cases} \qquad \begin{cases} M = 328.58 \text{kN} \cdot \text{m} \\ N = 133.2 \text{kN} \end{cases}$$
$$\qquad\qquad\text{(g)} \qquad\qquad\qquad\qquad\qquad \text{(h)}$$

由 N 与 M 的相关性可确定(h) $\begin{cases} M = 328.58 \text{kN} \cdot \text{m} \\ N = 133.2 \text{kN} \end{cases}$ 为该截面所需配筋最多的内力，即控制内力。

$$x = \frac{N}{\alpha_1 f_c b} = \frac{133.2 \times 10^3}{1.0 \times 14.3 \times 400} = 23.29 \text{mm} < 2a'_s(= 2 \times 40 = 80 \text{mm}),$$

取 $x = 80 \text{mm}$。

$$h_0 = h - a_s = 600 - 40 = 560 \text{mm}$$

$$e_0 = \frac{|M|}{N} = \frac{328.58 \times 10^6}{133.2 \times 10^3} = 2466.82 \text{mm} > 0.3 h_0 (= 0.3 \times 560 = 168 \text{mm})$$

$$\frac{h}{30} = \frac{600}{30} = 20 \text{mm}, \text{ 取 } e_a = 20 \text{mm}。$$

$$e_i = e_0 + e_a = 2466.82 + 20 = 2486.82 \text{mm}$$

对于(h)组内力组合对应下柱 $\mathrm{II} - \mathrm{II}$ 截面弯矩:

$$M = 1.0a + 1.4 [0.7c + 0.7 \times 0.9(f + i_+) + j]$$
$$= 53.57 \text{kN} \cdot \text{m}$$

$$\frac{M_1}{M_2} = \frac{|53.57|}{|328.58|} = 0.16 < 0.9; \text{ 轴压比 } \frac{N}{A f_c} = \frac{133.2 \times 10^3}{400 \times 600 \times 14.3} = 0.04 < 0.9$$

(h)组合时 A 柱无吊车。

$$\therefore \frac{l_0}{i} = \frac{13.75 \times 10^3}{\sqrt{\dfrac{\dfrac{1}{12} \times 400 \times 600^3}{400 \times 600}}} = 79.4 > 34 - 12 \frac{M_1}{M_2} = 34 - 12 \times 0.16 = 32.1$$

$\therefore$ 截面需要考虑附加弯矩的影响。

$$\xi_c = \frac{0.5 f_c A}{N} = \frac{0.5 \times 14.3 \times 400 \times 600}{133.2 \times 10^3} = 12.9 > 1.0, \text{ 取 } \xi_c = 1.0。$$

$$\eta_s = 1 + \frac{1}{1500 e_i / h_0} \left(\frac{l_0}{h}\right)^2 \xi_c = 1 + \frac{1}{1500 \times 2486.82/560} \times \left(\frac{13.75 \times 10^3}{600}\right)^2 \times$$

$$1.0 = 1.079$$

$$M = \eta_s M_2 = 1.079 \times 328.58 = 354.54 \text{kN} \cdot \text{m}$$

考虑附加弯矩时:

$$e_i = e_0 + e_a = \frac{354.54 \times 10^6}{133.2 \times 10^3} + 20 = 2681.7 \text{mm}$$

$$e' = e_i - h/2 + a'_s = 2681.7 - 600/2 + 40 = 2421.7 \text{mm}$$

$$A'_s = A_s = \frac{Ne'}{f_y(h_0 - a'_s)} = \frac{133.2 \times 10^3 \times 2421.7}{360 \times (560 - 40)} = 1723.1 \text{mm}^2$$

$$A'_{s\,min} = (0.55\%/2) \times A = 0.00275 \times 400 \times 600 = 660 \text{mm}^2 < 1723.1 \text{mm}^2$$

选配 5Φ22($A'_s = A_s = 1900 \text{mm}^2 > 1723.1 \text{mm}^2$)。

三、牛腿设计

(1) 牛腿截面尺寸的确定

牛腿截面宽度与柱等宽 $b = 400 \text{mm}$

牛腿截面高度以斜截面的抗裂度为控制条件,则

$$h = 400 + 400 = 800 \text{mm}$$

$$h_0 = 800 - 40 = 760 \text{mm}$$

$$a = 750 - 600 + 20 = 170 \text{mm} < 0.3 h_0 = 0.3 \times 760 = 228 \text{mm}$$

又有作用于牛腿顶部的荷载标准组合值:

$$F_{vk} = P_{4A} + D_{max} \times 0.9 = 9.30 + 238.3 \times 0.9 = 223.77 \text{kN}$$

$$F_{hk} = 0$$

则按裂缝控制公式进行验算：

$$\beta\left(1 - 0.5\frac{F_{hk}}{F_{vk}}\right)\frac{f_{tk}bh_0}{0.5 + \frac{a}{h_0}} = 0.65 \times \left(1 - 0.5 \times \frac{0}{223.77}\right) \times \frac{2.01 \times 400 \times 760}{0.5 + \frac{170}{760}}$$

$$= 548.8 \text{kN} \geqslant F_{vk}(=223.77 \text{kN})$$

∴ 此牛腿截面尺寸满足要求。

（2）牛腿承载力计算及其配筋

正截面承载力：

作用于牛腿顶部的荷载基本组合值：

$$F_v = 1.2P_{4A} + 1.4D_{max} \times 0.9 = 1.2 \times 9.30 + 1.4 \times 238.3 \times 0.9 = 311.42 \text{kN}$$

$$F_h = 0$$

$$A_s \geqslant \frac{F_v a}{0.85 f_y h_0} + 1.2\frac{F_h}{f_y}$$

$$= \frac{311.42 \times 10^3 \times 228}{0.85 \times 360 \times 760} + 0 = 305.3 \text{mm}^2$$

$$0.45 f_t / f_y = 0.45 \times 1.43 / 360 = 0.0018$$

$$A_{s\,min} = 0.2\% \times A = 0.002 \times 400 \times 800 = 640 \text{mm}^2 > 305.3 \text{mm}^2$$

按最小配筋率选配 $5 \phi 14$（$A_s = 769 \text{mm}^2 > 640 \text{mm}^2$）。

（3）牛腿的构造配件

根据构造要求，牛腿全高范围内设置 $\phi 10@100$ 的水平箍筋。因为 $a/h_0 <$ 0.3，故不需要配置弯起钢筋。

四、柱子吊装阶段验算

考虑平卧单点起吊的验算情况，计算简图如图 2-29 所示。

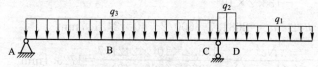

图 2-29 柱吊装阶段的计算简图

（1）荷载（上柱、牛腿和下柱的自重）：

上柱：$0.4 \times 0.4 \times 25 = 4 \text{kN/m}$

牛腿：$\left(1.0 \times 0.8 - \frac{0.4 \times 0.4}{2}\right) \times 0.4 \times 25 \div 0.8 = 9 \text{kN/m}$

下柱：$0.4 \times 0.6 \times 25 = 6 \text{kN/m}$

因其由永久荷载效应控制，考虑荷载分项系数 1.35，动力系数 1.5，结构重要性系数 0.9。

$q_{1k} = 4 \times 1.5 \times 0.9 = 5.4 \text{kN/m}$ $q_1 = 1.35 \times q_{1k} = 7.29 \text{kN/m}$

$q_{2k} = 9 \times 1.5 \times 0.9 = 12.15 \text{kN/m}$ $q_2 = 1.35 \times q_{2k} = 16.40 \text{kN/m}$

$q_{3k} = 6 \times 1.5 \times 0.9 = 8.1 \text{kN/m}$ $\qquad q_3 = 1.35 \times q_{3k} = 10.94 \text{kN/m}$

（2）内力：

对 C 点取矩：

$8.5 - 0.4 - 0.4 = 7.7 \text{m}$

$$R_A \times 7.7 + \left[q_1 \times 3.3 \times \left(0.8 + \frac{3.3}{2} \right) + q_2 \times 0.8 \times \frac{0.8}{2} \right] - q_3 \times 7.7 \times \frac{7.7}{2} = 0$$

则 $R_A = 33.78 \text{kN}$

$$x = R_A / q_3 = \frac{33.78}{10.94} = 3.09 \text{m}$$

$$M_{B\max} = R_A x - \frac{q_3 x^2}{2} = 33.78 \times 3.09 - \frac{10.94 \times 3.09^2}{2} = 52.15 \text{kN} \cdot \text{m}$$

$M_C = 7.29 \times 3.3 \times (0.8 + 3.3/2) + 16.40 \times 0.8^2 / 2 = 64.19 \text{kN} \cdot \text{m}$

$M_D = 7.29 \times 3.3^2 \div 2 = 39.69 \text{kN} \cdot \text{m}$

（3）C 点截面验算（$\because M_C > M_B$）：

1）承载力：设混凝土达到设计强度时起吊，截面为 $400 \text{mm} \times 600 \text{mm}$ 矩形截面，且注意 $h = 400 \text{mm}$，$b = 600 \text{mm}$。

$$\alpha_s = M_C / \alpha_1 f_c b h_0^2 = \frac{64.19 \times 10^6}{1.0 \times 14.3 \times 600 \times 360^2} = 0.058$$

$$\xi = 1 - \sqrt{1 - 2\alpha_s} = 1 - \sqrt{1 - 2 \times 0.058} = 0.059$$

$A_s = \alpha_1 f_c b \xi h_0 / f_y = 1.0 \times 14.3 \times 600 \times 0.059 \times 360 / 360 = 510.5 \text{mm}^2$

已配有 $2 \Phi 22 (A_s = 760 \text{mm}^2)$，满足要求。

2）裂缝宽度（略）。

（4）D 点截面验算：

1）承载力：$h = 400 \text{mm}$，$b = 400 \text{mm}$

$$\alpha_s = M_D / \alpha_1 f_c b h_0^2 = \frac{39.69 \times 10^6}{1.0 \times 14.3 \times 400 \times 360^2} = 0.054$$

$$\xi = 1 - \sqrt{1 - 2\alpha_s} = 1 - \sqrt{1 - 2 \times 0.054} = 0.055$$

$$A_s = \frac{\alpha_1 f_c b \xi h_0}{f_y} = \frac{1.0 \times 14.3 \times 400 \times 0.055 \times 360}{360} = 314.9 \text{mm}^2 < 509 \text{mm}^2$$

已配有 $2 \Phi 18 (A_s = 509 \text{mm}^2)$，满足要求。

2）裂缝宽度：（略）

五、柱的模板及配筋

见图 2-30 所示。

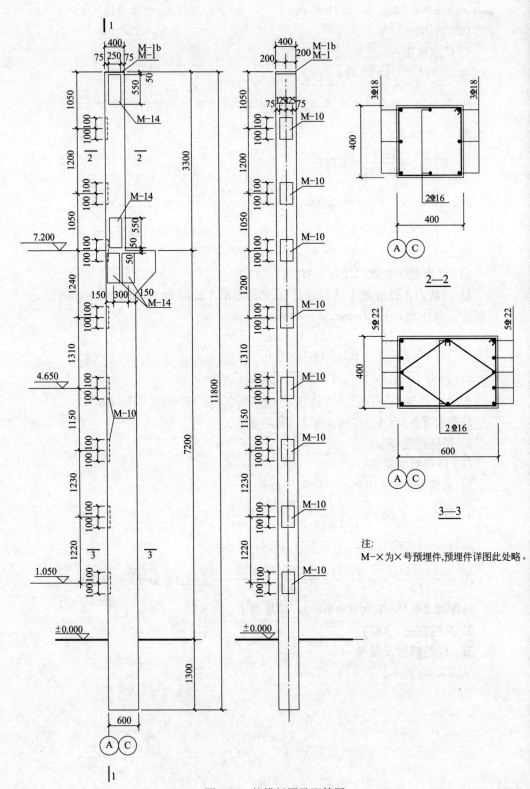

图 2-30　柱模板图及配筋图

2.3.6 基础设计(A轴)

一、设计资料

地下水位标高-3.000m,地基承载力修正后的特征值 f_a=150kPa。基础梁按标准图集 G320 选用,其顶面标高为-0.05m,截面如图 2-31 所示。

材料:混凝土 C30,钢筋 HRB400 级。

二、基础剖面尺寸

选用阶梯形基础。A轴柱基础尺寸如图 2-32 所示。

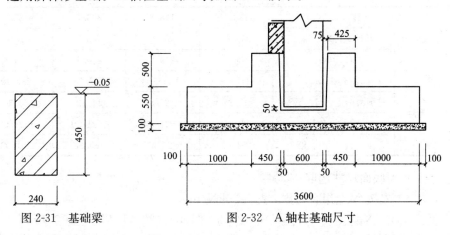

图 2-31 基础梁   图 2-32 A轴柱基础尺寸

下阶取 550mm,上阶取 500mm

柱插入深度 h_1=800mm

杯口深度 800+50=850mm

杯底厚度 a_1=200mm

垫层厚度 100mm

杯口底部长 600+50×2=700mm

杯口底部宽 400+50×2=500mm

杯口顶部长 600+75×2=750mm

杯口顶部宽 400+75×2=550mm

基础埋深(0.35+1.05)=1.40m

室内底面至基础底面的高度(0.50+1.05)=1.55m

计算基础上部土重的埋深 $\dfrac{(1.40+1.55)}{2}$=1.475m

三、基础底面尺寸确定

(1) 荷载计算

基础除承受由柱 3-3 截面传来的荷载外,还承受由基础梁直接传来的荷载,其大小如下:

N_{wk}(标准值)=P_7=51.2kN

N_w(设计值)=1.2P_k=1.2×51.2=61.44kN

N_{wk}(N_w)对基底面中心线的偏心距:e_w=0.42m

$$M_{wk}=N_{wk}\cdot e=51.2\times0.42=21.50\text{kN}\cdot\text{m}$$
$$M_w=N_w\cdot e=61.44\times0.42=25.80\text{kN}\cdot\text{m}$$

按前述柱内力组合对弯矩的符号规定，此弯矩为负值，即 $M_{wk}=-21.50\text{kN}\cdot\text{m}$，$M_w=-25.80\text{kN}\cdot\text{m}$。对基础底面，柱传来的荷载与基础梁传来的荷载效应标准组合值见表 2-6。

基础顶内力(表中均为标准值，且轴向力、弯矩的单位分别为 "kN" 和 "kN·m")　　表 2-6

内力种类		$+M_{max}$ 及相应 N、V	$-M_{max}$ 及相应 N、V	N_{max} 及相应 M、V	N_{min} 及相应 M、V
轴向力	柱传来(N_k)	133.2	198.3	369.7	133.2
	基础梁传来(N_{wk})	51.2	51.2	51.2	51.2
	合计 N_{bk}	184.4	249.5	420.9	184.4
弯矩	柱传来 M_k	237.19	−218.03	142.56	237.19
	柱剪力产生($-1.05V_k$)	35.34	−27.82	14.82	35.34
	基础梁传来 M_{wk}	−21.50	−21.50	−21.50	−21.50
	合计 M_{bk}	251.03	−267.35	135.88	251.03

(2) 底面尺寸选取

1) 先按 N_{max} 组合考虑，$\gamma_m=20\text{kN/m}^3$

$$A=N_{bk\,max}/(f_a-\gamma_m d)=420.9/[150-(20\times1.475)]=3.49\text{m}^2$$

底面积预估为 $(1.2\sim1.4)A=4.19\sim4.89\text{m}^2$，但由于弯矩较大，预估底面积经试算后均不能满足承载力要求，最终确定底面尺寸取 $b\times l=3.6\times3.0=10.8\text{m}^2$

2) 地基承载力验算：

$$G_k/lb=\gamma_m\cdot d=20\times1.475=29.50\text{kN/m}^2,\quad W=1/6\times3\times3.6^2=6.48\text{m}^3$$

地基反力计算见表 2-7，其中 ${}^{p_{k,max}}_{p_{k,min}}=(N_{bk}+G_k)/lb\pm|M_{bk}|/W$

地基反力标准值　　表 2-7

	$+M_{max}$组合	$-M_{max}$组合	N_{max}组合	N_{min}组合
N_{bk}/lb	17.07	23.10	38.97	17.07
G_k/lb	29.50	29.50	29.50	29.50
$\pm|M_{bk}|/W$	±38.74	±41.26	±20.97	±38.74
$p_{k,max}$(kN·m^2)	85.31	93.86	89.44	85.31
$p_{k,min}$(kN·m^2)	7.83	11.34	47.50	7.83
$\dfrac{p_{k,max}+p_{k,min}}{2}$(kN·m^2)	46.57	52.60	68.47	46.57

由表 2-7 可见，基础底面不出现拉应力，且最大压应力

$$93.86\text{kN/m}^2<1.2f_a(=1.2\times150=180\text{kN/m}^2)$$

同时有 $(p_{k,max}+p_{k,min})/2$ 均小于 $f_a=150\text{kN/m}^2$，所以满足要求。

四、基础高度验算

由表 2-8 可见最大的 p_s 为 $-M_{max}$ 组合产生，其值 $p_{s,max}=84.23\text{kN/m}^2$

	$+M_{max}$组合	$-M_{max}$组合	N_{max}组合	N_{min}组合
柱传来轴力	159.8	224.3	491.0	133.2
基础梁传来轴力(N_w)	61.44	61.44	61.44	61.44
合计(N)	221.28	285.72	552.41	194.64
N/lb	20.49	26.46	51.15	18.02
G	382.32	382.32	382.32	382.32
柱传来弯矩(M)	330.32	−308.73	197.84	328.58
柱剪力产生弯矩($-1.05V$)	49.04	−39.84	20.31	48.59
基础梁产生弯矩 M_w	−25.8	−25.8	−25.8	−25.8
合计 M	353.56	−374.37	192.34	351.37
$\lvert M\rvert/W$	54.56	57.77	29.68	54.22
$e=\dfrac{M}{N+G}$	0.6	0.6	0.2	0.6
$p_{s,max}=N/lb+\lvert M\rvert/W$	75.05	84.23	80.83	72.24
$p_{s,min}=N/lb-\lvert M\rvert/W$	−34.07	−31.31	21.47	−36.20

（1）验算柱边冲切**❶**（图 2-33b）

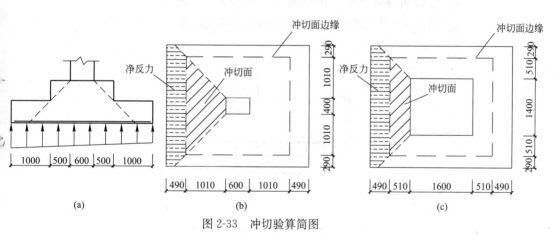

图 2-33　冲切验算简图

$b=3.6$m，$b_t=0.6$m，$h_0=1.05-0.045=1.005$m

$l=3.0$m，$a_t=0.4$m，$a_b=a_t+2h_0=0.4+2\times1.005=2.41m<l(=3.0m)$

$$A_l=\left(\frac{b}{2}-\frac{b_t}{2}-h_0\right)l-\left(\frac{l}{2}-\frac{a_t}{2}-h_0\right)^2$$

$$=\left(\frac{3.6}{2}-\frac{0.6}{2}-1.005\right)\times3.0-\left(\frac{3.0}{2}-\frac{0.4}{2}-1.005\right)^2=1.398\text{m}^2$$

$F_l=p_sA_l=84.23\times1.398=117.75$kN

∵基础高度 $h=1050$mm>800mm，按线性插值得 $\beta_{hp}=0.979$。

❶ 可以发现柱边冲切破坏锥体通过变阶处冲切破坏锥体，则柱边冲切破坏应不如变阶处冲切破坏危险。为例题演示，仍列出柱冲切破坏的后续计算过程。

$a_m = (a_t + a_b)/2 = (0.4 + 2.41)/2 = 1.405m$

$0.7\beta_{hp}f_t a_m h_0 = 0.7 \times 0.979 \times 1.43 \times 1.41 \times 1.005 \times 10^3 = 1384kN > F_l$（满足要求）

（2）验算变阶处冲切（图2-33c）

$b = 3.6m$，$b_t = 3.6 - 2 \times 1.0 = 1.6m$，$h_0 = 0.55 - 0.045 = 0.505m$

$l = 3.0m$，$a_t = 3.0 - 2 \times 0.8 = 1.4m$

$a_b = a_t + 2h_0 = 1.4 + 2 \times 0.505 = 2.41m < l(= 3.0m)$

$$A_l = \left(\frac{b}{2} - \frac{b_t}{2} - h_0\right)l - \left(\frac{l}{2} - \frac{a_t}{2} - h_0\right)^2$$

$$= \left(\frac{3.6}{2} - \frac{1.6}{2} - 0.505\right) \times 3.0 - \left(\frac{3.0}{2} - \frac{1.4}{2} - 0.505\right)^2 = 1.398m^2$$

$F_l = p_s A_l = 84.23 \times 1.398 = 117.75kN$

截面高度 $h = 550mm < 800mm$，$\beta_{hp} = 1.0$。

$a_m = (a_t + a_b)/2 = (1.4 + 2.41)/2 = 1.905m$

$0.7\beta_{hp}f_t a_m h_0 = 0.7 \times 1.0 \times 1.43 \times 1.91 \times 0.505 \times 10^3 = 963kN > F_l$（满足要求）

五、基础底板配筋计算

由表2-8可判断－M_{max}组合或 N_{max}组合需配筋较多。

（1）截面Ⅰ－Ⅰ（见图2-34柱边处）内力及配筋计算

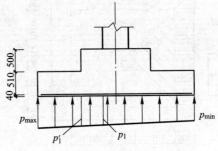

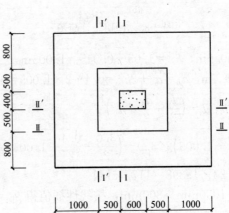

图2-34 基础配筋计算

$$a_1 = \frac{3.6}{2} - \frac{0.6}{2} = 1.50\text{m}, \quad a' = 0.4\text{m}, \quad h_0 = 1005\text{mm}$$

有：$p = (p_{max} - p_{min})\dfrac{b-a_1}{b} + p_{min}$，$M_I = \dfrac{1}{12}a_1^2 [(2l+a')(p_{max}+p) +$

$(p_{max}-p)l]$

1) 在$-M_{max}$组合下：

$$p = [84.23-(-31.31)] \times \frac{3.6-1.50}{3.6} + (-31.31) = 36.09\text{kN/m}^2$$

$$M_I = \frac{1}{12} \times 1.50^2 \times [(2\times3.0+0.4)\times(84.23+36.09) + (84.23-36.09) \times$$

$3.0] = 171.46\text{kN} \cdot \text{m}$

2) 在N_{max}组合下：

$$p = (80.83-21.47)\times\frac{3.6-1.5}{3.6} + 21.47 = 56.10\text{kN/m}^2$$

$$M_I = \frac{1}{12} \times 1.5^2 \times [(2\times3.0+0.4)\times(80.83+56.10) + (80.83-56.10) \times$$

$3.0] = 178.23\text{kN} \cdot \text{m} > 171.46\text{kN} \cdot \text{m}$

$$\therefore A_{sI} = \frac{M_I}{0.9h_0 f_y} = \frac{178.23\times10^6}{0.9\times1005\times360} = 547\text{mm}^2$$

（2）截面 I—I'（见图 2-34 变阶处）内力及配筋计算

$a_1 = 1\text{m}, \quad a' = 3.0-2\times0.8 = 1.4\text{m}, \quad h_0 = 505\text{mm}$

1) 在$-M_{max}$组合下：

$$p = [84.23-(-31.31)] \times \frac{3.6-1}{3.6} + (-31.31) = 52.14\text{kN/m}^2$$

$$M_I = \frac{1}{12} \times 1^2 \times [(2\times3.0+1.4)\times(84.23+52.14) + (84.23-52.14) \times$$

$3.0] = 92.12\text{kN} \cdot \text{m}$

2) 在N_{max}组合下：

$$p = (80.83-21.47)\times\frac{3.6-1}{3.6} + 21.47 = 64.34\text{kN/m}^2$$

$$M_I = \frac{1}{12} \times 1^2 \times [(2\times3+1.4)\times(80.83+64.34) + (80.83-64.34)\times3] =$$

$93.64\text{kN} \cdot \text{m} > 92.12\text{kN} \cdot \text{m}$

$$\therefore A'_{sI} = \frac{M'_I}{0.9h_0 f_y} = \frac{93.64\times10^6}{0.9\times505\times360} = 572\text{mm}^2$$

（3）长边 b 方向配筋

由以上计算：$A_{sI} = 547\text{mm}^2$，$A'_{sI} = 572\text{mm}^2$

根据构造配筋率得 $A_s = 0.15\% \times 550 \times 1000 = 825\text{mm}^2/\text{m}$

所以按构造配筋，选 $\Phi 14@180$。

（4）截面 II—II（见图 2-34 柱边处）内力及配筋计算

只用选择$(p_{max}+p_{min})$最大的组合进行计算，

即 N_{max} 组合 $(p_{max}+p_{min}=80.83+21.47=102.3kN/m^2)$。

有: $M_{II}=\dfrac{1}{48}(1-a')^2(2b+b')(p_{max}+p_{min})$

$a'=0.4m,\ b'=0.6m,\ h_0=1005mm$

$M_{II}=\dfrac{1}{48}(3-0.4)^2\times(2\times3.6+0.6)\times(80.83+21.47)=112.38kN\cdot m$

$\therefore A_{sII}=\dfrac{112.38\times10^6}{0.9\times(1005-10)\times360}=349mm^2$

(5) 截面 $II'-II'$（见图 2-34 变阶处）内力及配筋计算

$a'=1.4m,\ b'=3.6-2\times1=1.6m,\ h_0=505mm$

$M'_{II}=\dfrac{1}{48}(3-1.4)^2\times(2\times3.6+1.6)\times(80.83+21.47)=48.01kN\cdot m$

$\therefore A'_{sII}=\dfrac{48.01\times10^6}{0.9\times(505-10)\times360}=299mm^2$

(6) 短边 l 方向配筋

由以上计算: $A_{sII}=349mm^2$, $A'_{sII}=299mm^2$

根据构造配筋率得 $A_s=0.15\%\times550\times1000=825mm^2/m$

所以按构造配筋，选 $\Phi 14@180$。

六、基础配筋图

基础配筋图如图 2-35 所示。

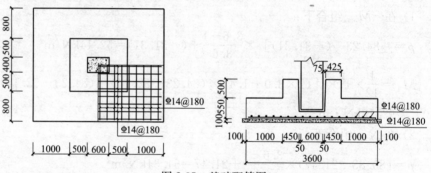

图 2-35 基础配筋图

第3章
粘贴纤维增强复合材加固法设计算例

某商业楼建于 1977 年，为两跨 4 层钢筋混凝土框架结构，两跨跨度分别为 6600mm 和 5400mm，框架柱距 6000mm，总高度 14000mm，其立面图如图 3-1 所示。该商业楼按抗震设防烈度 7 度抗震设防。框架柱截面 350mm×350mm，配 10 Φ 18 主筋、φ 8@200 箍筋。梁柱混凝土设计强度等级分别为 C20 和 C30，主筋均为 HRB335 级钢筋，箍筋均为 HPB235 级钢筋。（注：因本工程建于 1977 年，根据当时的规范，本章中钢筋符号φ代表 HPB235 级钢筋。）

经检测鉴定，该商业楼为不合格工程，需对该商业楼进行加固改造。

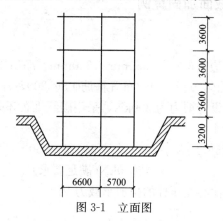

图 3-1　立面图

3.1　受压构件正截面加固算例

【算例 3-1】

该商业楼的混凝土中柱，计算高度为 4.0m，截面尺寸 $b×h＝350mm×350mm$，C30 混凝土，纵向配筋 10 Φ 18，均匀布置，箍筋φ 8@200。采用碳纤维环绕约束混凝土截面，3 层，0.167 厚，无间隔。计算柱轴心受压承载力。

（1）判断构件长细比

$l/b＝4000/400＝10<14$，可进行环向约束加固。

（2）承载力验算

$$N \leqslant 0.9[(f_{c0}+4\sigma_1)A_{cor}+f'_{y0}A'_{s0}]$$

其中：$f_{c0}＝15N/mm^2$，$f'_{y0}＝300N/mm^2$，$A'_{s0}＝2545mm^2$，取 $r＝10mm$

52

则　$A_{cor}=bh-(4-\pi)r^2=350\times350-(4-\pi)\times10^2=1.22\times10^5\mathrm{mm}^2$

$$\sigma_1=0.5\beta_c k_c\rho_f E_f\varepsilon_{fe}$$

其中：$\beta_c=1.0$（混凝土强度小于 C50）

有效约束系数　$k_c=1-\dfrac{(b-2r)^2+(h-2r)^2}{3A_{cor}(1-\rho_s)}$

$$\rho_s=\frac{2545}{350\times350}=0.021$$

$$k_c=1-\frac{(350-2\times10^2)^2+(350-2\times10)^2}{3\times1.22\times10^5\times(1-0.021)}=0.874$$

$$E_f=2.3\times10^2\mathrm{N/mm}^2,\quad\varepsilon_{fe}=0.0045$$

环向约束体积比 $\rho_f=\dfrac{2n_f t_f b+h}{A_{cor}}=\dfrac{2\times3\times0.167\times(350+350)}{1.22\times10^5}=0.575\%$

$$\sigma_1=0.5\times1.0\times0.874\times0.575\%\times2.3\times10^5\times0.0045=2.601\mathrm{N/mm}^2$$

$$N=0.9\times[(15+4\times2.601)\times1.22\times10^5+300\times2545]=3476509\mathrm{N}=3476.5\mathrm{kN}$$

3.2　受压构件斜截面加固算例

【算例 3-2】

该商业楼边柱，边长 $b\times h=350\mathrm{mm}\times350\mathrm{mm}$，净高 4.0m，C30 混凝土，纵向配筋 $10\,\Phi\,18$，均匀布置，均匀布置箍筋 $\Phi\,8@200$，柱轴压比为 0.60，保护层厚度 21mm。现设计剪力为 300kN，采用碳纤维布环向加固方案。

（1）验算截面尺寸

$V=350\mathrm{kN}<0.25\beta_c f_{c0}bh_0=0.25\times1.0\times15\times350\times(350-21-9)$

$\qquad\qquad\qquad=420.0\mathrm{kN}$（满足要求）

（2）确定加固前偏心受压柱的抗剪承载力 V_{c0}

$$V_{c0}=\frac{1.75}{\lambda+1}f_{t0}bh_0+f_{yv0}\frac{A_{sv0}}{S_0}h_0+0.07N$$

其中：$f_{t0}=1.5\mathrm{N/mm}^2$，$b=350\mathrm{mm}$，$h_0=350-30=320\mathrm{mm}$

$f_{yv0}=210\mathrm{N/mm}^2$，$s_0=200\mathrm{mm}$，$A_{sv0}=157\mathrm{mm}^2$

$$\lambda=\frac{4000}{2\times320}=6.25,\ \text{取}\ \lambda=3$$

$$N=0.55f_{c0}bh=0.55\times15\times350\times350=1.011\times10^6\mathrm{N}$$

故　$V_{c0}=\dfrac{1.75}{3+1}\times1.5\times350\times320+210\times\dfrac{157}{200}\times320+0.07\times1.011\times10^6$

$\qquad=1.97\times10^5\mathrm{N}$

（3）碳纤维承载剪力 V_{cf}

$$V_{cf}=V-V_{c0}=350-197=153\mathrm{kN}$$

（4）碳纤维布用量

$$V_{cf}=\varphi_{vc}f_f A_f h/s_f$$

其中：通过插值法可得 $\varphi_{vc}=0.67$

采用高强度Ⅰ级碳纤维布，则

$$f_f=0.5\times1600=800\text{N/mm}^2, \quad h=350\text{mm}.$$

故

$$\frac{A_f}{s_f}=\frac{V_{cf}}{\varphi_{vc}f_fh}=\frac{153\times10^3}{0.67\times800\times350}=0.816\text{mm}$$

由于 $A_f=2n_fb_ft_f$

选取粘贴碳纤维布，4层层厚0.167mm，宽400mm，间距600mm，则

$$\frac{A_f}{s_f}=\frac{2n_fb_ft_f}{s_f}=\frac{2\times4\times0.167\times400}{600}=0.891\text{mm}>0.816\text{mm}$$

3.3 受弯构件正截面加固算例

3.3.1 算例3-3

该商业楼楼盖中的某矩形截面梁截面尺寸为 $b\times h=200\text{mm}\times400\text{mm}$，受拉钢筋为 $4\Phi14$（$A_{s0}=615\text{mm}^2$，配筋率 0.84%），$f_{c0}=15\text{N/mm}^2$。现拟将该梁的弯矩设计值提高到 $80\times10^6\text{N}\cdot\text{mm}$，加固前原作用的弯矩标准值 $50\times10^6\text{N}\cdot\text{mm}$。该梁的抗剪能力满足使用要求，仅需进行抗弯加固。

（1）原梁承载力计算

由 $\alpha_1f_{c0}bx=f_{y0}A_{s0}$，得

$$x=\frac{f_{y0}A_{s0}}{\alpha_1f_{c0}b}=\frac{300\times615}{1.0\times15\times200}=61.5\text{mm}$$

$$\xi=\frac{x}{h_0}=\frac{61.5}{400-35}=0.168$$

$$M=f_{y0}A_{s0}\left(h_0-\frac{x}{2}\right)=300\times615\times\left(365-\frac{61.5}{2}\right)=61.67\times10^6\text{N}\cdot\text{mm}$$

（2）加固设计

弯矩提高系数：

$$\frac{80-61.67}{61.67}=0.2164=29.72\%<40\%$$

$$M=\alpha_1f_{c0}bx\left(h0-\frac{x}{2}\right)-f_{y0}A_{s0}(h-h_0)$$

$$=1.0\times15\times200\times\left(400-\frac{x}{2}\right)-300\times615\times(400-365)$$

$$=80\times10^6\text{N}\cdot\text{mm}$$

得 $x=80.06\text{mm}$，则

$$\xi=\frac{x}{h_0}=\frac{80.06}{365}=0.219$$

$$<0.85\xi_b=0.85\times0.55=0.4675（满足要求）$$

$$\rho_{te}=\frac{A_s}{0.5bh}=\frac{615}{0.5\times200\times400}=0.01538$$

$$\sigma_{s0} = \frac{M_{0k}}{0.87 A_s h_0} = \frac{50 \times 10^6}{0.87 \times 615 \times 365} = 256.02\text{MPa}$$

$$\alpha_f = \left(\frac{0.01538 - 0.01}{0.02 - 0.01}\right) \times (1.15 - 0.9) + 0.9 = 1.034$$

$$\varepsilon_{f0} = \frac{\alpha_f M_{0k}}{E_s A_s h_0} = \frac{1.034 \times 50 \times 10^6}{2.0 \times 10^5 \times 615 \times 365} = 1.152 \times 10^{-3}$$

$$\varphi_f = \frac{\dfrac{0.8\varepsilon_{cu}h}{x} - \varepsilon_{cu} - \varepsilon_{f0}}{\varepsilon_f} = \frac{0.8 \times 0.0033 \times \dfrac{400}{80.06} - 0.0033 - 1.152 \times 10^{-3}}{0.01}$$

$$= 0.8738$$

由 $\alpha_1 f_{c0} b x = \varphi_f \cdot f_f A_{fe} + f_{y0} A_{s0} - f'_{y0} A'_{s0}$，得

采用高强度 II 级碳纤维布：

$1 \times 15 \times 200 \times 80.06 = 0.8738 \times 2000 \times A_{fe} + 300 \times 615 - 0$，得 $A_{fe} = 31.86\text{mm}^2$。

预估采用 3 层 0.167mm 规格的碳纤维布：

$$k_m = 1.16 - \frac{n_f E_f t_f}{308000} = 1.16 - \frac{3 \times 2.0 \times 10^5 \times 0.167}{308000} = 0.8437 < 0.90$$

实际应粘贴的碳纤维面积：$A_f = \dfrac{A_{fe}}{k_m} = \dfrac{31.86}{0.8347} = 38.17\text{mm}^2$

碳纤维布总宽度为：$B = \dfrac{38.17}{0.167} = 228.6\text{mm}$

因此选用 100mm 宽的碳纤维布 3 层可满足要求。

3.3.2 算例 3-4

该综合楼中某 T 形截面梁 $b \times h = 250\text{mm} \times 500\text{mm}$，$b'_f = 700\text{mm}$，$h'_f = 70\text{mm}$，C20 混凝土，HRB335 级钢筋，受拉钢筋面积为 $3 \Phi 22$（$A_{s0} = 1140\text{mm}^2$，配筋率）。梁的抗剪能力满足要求，仅需进行抗弯加固，要求抗弯承载力提高 40%，不考虑二次受力。

（1）原梁承载力计算

由 $\alpha_1 f_{c0} b'_f x = f_{y0} A_{s0}$，得：

$$x = \frac{f_{y0} A_{s0}}{\alpha_1 f_{c0} b'_f} = \frac{300 \times 1140}{1.0 \times 15 \times 700} = 32.6\text{mm} < h'_f，属于第一类 T 形截面。$$

$$M = f_{y0} A_{s0}\left(h_0 - \frac{x}{2}\right) = 300 \times 1140 \times \left(465 - \frac{32.6}{2}\right) = 153.4 \times 10^6 \text{N} \cdot \text{mm}$$

（2）加固设计

$$M = 153.4 \times 10^6 \times (1 + 40\%) = 214.8 \times 10^6 \text{N} \cdot \text{mm}$$

$$1.0 \times 15 \times 700 \times \left(465 - \frac{x}{2}\right) - 300 \times 1140 \times (500 - 465) = 214.8 \times 10^6$$

得 $x = 49.0\text{mm} < h'_f$，仍属于第一类 T 形截面。

且 $x = 2a'$

$$\varphi_f = \frac{\frac{0.8\varepsilon_{cu}h}{x} - \varepsilon_{cu} - \varepsilon_f}{\varepsilon_f} = \frac{0.8 \times 0.0033 \times \frac{500}{49.0} - 0.0033 - 0.01}{0.01} = 1.36 > 1.0$$

取 $\varphi_f = 1.0$。

采用高强度Ⅰ级碳纤维布，则

$$\alpha_1 f_{c0} b'_f x = \phi_f f_f A_{fe} + f_{y0} A_{s0} - f'_{y0} A'_{s0}$$

$$1.0 \times 15 \times 700 \times 49.0 = 1.0 \times 2300 \times A_{fe} + 300 \times 1140 - 0$$

得 $A_{fe} = 75 \text{mm}^2$。

预估采用 3 层 0.167mm 规格的碳纤维布，则

$$k_m = 1.16 - \frac{n_f E_f t_f}{308000} = 1.16 - \frac{3 \times 2.3 \times 10^5 \times 0.167}{308000} = 0.7859 < 0.90$$

实际应粘贴的碳纤维面积：$A_f = \frac{75}{k_m} = 95.4 \text{mm}^2$

碳纤维布总宽度为：$B = \frac{95.4}{0.167} = 571 \text{mm}$

因此选用粘贴 3 层 250mm 宽的碳纤维布。

3.3.3 算例 3-5

该商业楼中某矩形截面梁，承受均布荷载，混凝土强度等级为 C30，截面尺寸 $b \times h = 300\text{mm} \times 750\text{mm}$，配有受拉钢筋 3 Φ 20。原设计弯矩标准值班为 72kN·m，现增加设计弯矩到 250kN·m。

（1）确定混凝土受压区高度 x

已知：$M = 250 \times 10^6 \text{kN·mm}$，$f_{c0} = 14.3 \text{N/mm}^2$，$f_{y0} = 300 \text{N/mm}^2$，$b = 300\text{mm}$，$h = 750\text{mm}$，$h_0 = 750 - 40 = 710\text{mm}$，$A_{s0} = 942\text{mm}^2$，$\alpha_1 = 1.0$

$$M = \alpha_1 f_{c0} b x \left(h - \frac{x}{2}\right) - f_{y0} A_{s0} (h - h_0)$$

故 $250 \times 10^6 = 1.0 \times 14.3 \times 300 \times \left(750 - \frac{x}{2}\right) - 300 \times 942 \times (750 - 710)$

得 $x = 86.2\text{mm}$。

（2）判定受压区高度范围

$2a_s = 2 \times 40 = 80\text{mm} < x$

$$\xi_b = \frac{\beta_1}{1 + \frac{f_{y0}}{E_s \varepsilon_{cu}}} = \frac{0.8}{1 + \frac{300}{2.0 \times 10^5 \times 0.0033}} = 0.550$$

$\xi_{fb} = 0.85 \xi_b = 0.85 \times 0.55 = 0.4675$

$\xi_{fb} h = 0.4675 \times 750 = 350.625\text{mm} > x = 86.2\text{mm}$

（3）计算强度利用系数 φ_f

$\varepsilon_{f0} = \frac{\alpha_f M_{0k}}{E_s A_{s0} h_0}$，其中：$M_{0k} = 72\text{kN·m}$，$\alpha_f = 0.7$，则

$$\varepsilon_{f0}=\frac{0.7\times72\times10^6}{2.0\times10^5\times942\times710}=0.377\times10^{-3}$$

$$\varphi_f=\frac{(0.8\varepsilon_{cu}h/x)-\varepsilon_{cu}-\varepsilon_{f0}}{\varepsilon_f}$$

其中：$\varepsilon_{cu}=0.0033$，$\varepsilon_f=0.01$，则

$$\varphi_f=\frac{(0.8\times0.0033\times750/86.2)-.0033-0.37\times10^{-3}}{0.01}=1.9\geqslant1.0，取\ \varphi_f=1.0$$

（4）计算碳纤维加固用量

采用高强度 I 级碳纤维布，得

$$\alpha_1f_{c0}bx=f_{y0}A_{s0}+\varphi_ff_fA_{fe}$$

$$A_{fe}=\frac{\alpha_1f_{c0}bx-f_{y0}A_{s0}}{\varphi_ff_f}=\frac{1.0\times14.3\times300\times86.2-300\times942}{1.0\times2300}=37.91mm^2$$

预估采用单层 0.167mm 厚规格的碳纤维布，则

$$k_m=1.16-\frac{n_fE_ft_f}{308000}=1.16-\frac{1.0\times2.3\times10^5\times0.167}{308000}=1.04>0.9，取$$

$$k_m=0.9$$

实际粘贴碳纤维截面面积 $A_f=\dfrac{A_{fe}}{k_m}=37.91/0.9=42.12mm^2$

碳纤维布总宽度为：$B=\dfrac{42.12}{0.167}=252mm$

采用碳纤维布，宽 300mm，单层，厚 0.167mm。

（5）粘贴延伸长度

$$l_c=\frac{\varphi_ff_fA_f}{f_{f,v}b_f}+200=\frac{1.0\times2300\times300\times0.167}{0.4\times1.5\times300}+200=840.2mm$$

3.4 受弯构件斜截面加固算例

3.4.1 算例 3-6

该综合楼中某一矩形截面梁，承受均布荷载，混凝土强度等级为 C30，截面尺寸 $b\times h=250mm\times600mm$，板厚 100mm，配箍筋 ϕ 10@200。原设计剪力为 300kN，现增加设计剪力至 400kN。

（1）验算截面尺寸

$$h_w/b=(750-40)/300=2.37<4$$

$$V=400kN<0.25\beta_cf_{c0}bh_0=0.25\times1.0\times15\times250\times(600-35)=529.7kN$$

满足要求

（2）确定加固前梁的抗剪承载力

$$f_{t0}=1.5N/mm^2，\ b=250mm，\ h_0=565mm，\ f_{yv0}=210N/mm^2，$$

$$s_0=200mm，\ A_{sv0}=157mm^2$$

$$V_{b0}=0.7f_{t0}bh_0+1.25f_{yv0}\frac{A_{sv0}}{s_0}h_0$$

$$=0.7 \times 1.5 \times 250 \times 565 + 1.25 \times 210 \times \frac{157}{200} \times 565$$

$$=264.7 \text{kN}$$

（3）碳纤维承载剪力

$$V_{\text{bf}} = V - V_{\text{b0}} = 400 - 264.7 = 135.3 \text{kN}$$

（4）碳纤维布用量

$$V_{\text{bf}} = \varphi_{\text{vb}} f_{\text{f}} A_{\text{f}} h_{\text{f}} / s_{\text{f}}$$

其中：$\varphi_{\text{vb}} = 0.85$，$f_{\text{f}} = 0.56 \times 2000 = 1120 \text{N/mm}^2$

$$h_{\text{f}} = 600 - 100 = 500 \text{mm}$$

故，$\dfrac{A_{\text{f}}}{s_{\text{f}}} = \dfrac{V_{\text{bf}}}{\varphi_{\text{vb}} f_{\text{f}} h_{\text{f}}} = \dfrac{135.3 \times 10^3}{0.85 \times 1120 \times 500} = 0.284 \text{mm}$

因为 $A_{\text{f}} = 2n_{\text{f}} b_{\text{f}} t_{\text{f}}$，故选取粘贴单层碳纤维布，层厚 0.167mm，宽 300mm，间距 400 mm。

3.4.2 算例 3-7

该商业楼的现浇混凝土楼盖，楼板厚度 80mm，框架梁截面尺寸为 $b \times h = 250 \text{mm} \times 600 \text{mm}$，混凝土强度等级 C25，配箍筋 Φ8@100，加固后剪力设计值为 400kN。

（1）验算截面尺寸

$$h_{\text{w}}/b = (565 - 80)/250 = 1.94 < 4$$

$$V = 400 \text{kN} < 0.25 \beta_{\text{c}} f_{\text{c0}} b h_0 = 0.25 \times 1.0 \times 15 \times 250 \times 565 = 529.69 \times 10^3 \text{kN} (\text{满足要求})$$

（2）确定加固前梁的抗剪承载力 V_{b0}

$$V_{\text{b0}} = 0.7 f_{\text{t0}} b h_0 + 1.25 f_{\text{yv0}} \frac{A_{\text{sv0}}}{s_0} h_0$$

$$= 0.7 \times 1.5 \times 250 \times 565 + 1.25 \times \frac{210 \times 2 \times 50.3}{200} \times 565$$

$$= 148312 + 74601 = 222.91 \times 10^3 \text{kN}$$

（3）碳纤维承载剪力 V_{bf}

$$V_{\text{bf}} = V - V_{\text{b0}} = 400 - 229.91 = 170.09 \text{kN}$$

（4）碳纤维布用量

$$V_{\text{bf}} = \varphi_{\text{vb}} f_{\text{f}} A_{\text{f}} h_{\text{f}} / s_{\text{f}}$$

其中：$\varphi_{\text{vb}} = 0.85$，$f_{\text{f}} = 0.56 \times 2000 = 1120 \text{N/mm}^2$

$$h_{\text{f}} = 600 - 80 = 520 \text{mm}$$

故，$\dfrac{A_{\text{f}}}{s_{\text{f}}} = \dfrac{V_{\text{bf}}}{\varphi_{\text{vb}} f_{\text{f}} h_{\text{f}}} = \dfrac{170.09 \times 10^3}{0.85 \times 1120 \times 520} = 0.344 \text{mm}$

由于 $A_{\text{f}} = 2n_{\text{f}} b_{\text{f}} t_{\text{f}}$ 取 $s_{\text{f}} = 300 \text{mm}$，$t_{\text{f}} = 0.167 \text{mm}$，$b_{\text{f}} = 200 \text{mm}$，则

$$n_{\text{f}} = \frac{0.344 \times 300}{2 \times 0.167 \times 200} = 1.543$$

选取粘贴 2 层碳纤维布，层厚 0.167m，宽 200mm，净间距 100mm。

附录

附录 A 双向板计算系数表

符号说明：

B_c——板的抗弯刚度，$B_c = \dfrac{Eh^3}{12(1-\mu^2)}$；

E——混凝土弹性模量；

h——板厚；

μ——混凝土泊松比。

f，f_{max}——分别为板中心点的挠度和最大挠度；

m_x，$m_{x,max}$——分别为平行于 l_{0x} 方向板中心点单位板宽内的弯矩和板跨内最大弯矩；

m_y，$m_{y,max}$——分别为平行于 l_{0y} 方向板中心点单位板宽内的弯矩和板跨内最大弯矩；

m'_x——固定边中点沿 l_{0s} 方向单位板宽内的弯矩；

m'_y——固定边中点沿 l_{0y} 方向单位板宽内的弯矩；

===代表简支边；———代表固定边。

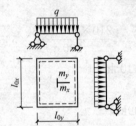

正负号的规定：

弯矩——使板的受荷面受压者为正；

挠度——变形与荷载方面相同者为正。

挠度＝表中系数$\times \dfrac{q l_0^4}{B_c}$；

$\mu = 0$，弯矩＝表中系数$\times q l_0^2$；

式中 l_0 取用 l_{0x} 和 l_{0y} 中 i 较小者。

附表 A-1

l_{0x}/l_{0y}	f	m_x	m_y	l_{0x}/l_{0y}	f	m_x	m_y
0.50	0.01013	0.0965	0.0174	0.80	0.00603	0.0561	0.0334
0.55	0.00940	0.0892	0.0210	0.85	0.00547	0.0506	0.0348
0.60	0.00867	0.0820	0.0242	0.90	0.00496	0.0456	0.0353
0.65	0.00796	0.0750	0.0271	0.95	0.0449	0.0410	0.0364
0.70	0.00727	0.0683	0.0296	1.00	0.00406	0.0368	0.0368
0.75	0.00663	0.0620	0.0317				

挠度＝表中系数×$\dfrac{ql_0^4}{B_c}$；

$\mu=0$，弯矩＝表中系数×ql_0^2；

式中 l_0 取用 l_{0x} 和 l_{0y} 中较小者。

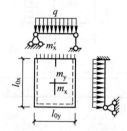

l_{0x}/l_{0y}	l_{0y}/l_{0x}	f	f_{max}	m_x	$m_{x,max}$	m_y	$m_{y,max}$	m_x'
0.50		0.00488	0.00504	0.0588	0.0646	0.0060	0.0063	−0.1212
0.55		0.004471	0.00492	0.0563	0.0618	0.0081	0.0087	−0.1187
0.60		0.00453	0.00472	0.0539	0.0589	0.0104	0.0111	−0.1158
0.65		0.00432	0.00448	0.0513	0.0559	0.0126	0.0133	−0.1124
0.70		0.00410	0.00422	0.0485	0.0529	0.0148	0.0154	−0.1087
0.75		0.00388	0.00399	0.0457	0.0496	0.0168	0.0174	−0.1048
0.80		0.00365	0.00376	−0.0428	0.0463	0.0187	0.0193	−0.1007
0.85		0.00343	0.00352	0.0400	0.0431	0.0204	0.0211	−0.0965
0.90		0.00321	0.00329	0.0372	0.0400	0.0219	0.0226	−0.0922
0.95		0.00299	0.00306	0.0345	0.0369	0.0232	0.0239	−0.0880
1.00	1.00	0.00279	0.00285	0.0319	0.0340	0.0243	0.0249	−0.0839
	0.95	0.00316	0.00324	0.0324	0.0345	0.0280	0.0287	−0.0882
	0.90	0.00360	0.00368	0.0328	0.0347	0.0322	0.0330	−0.0926
	0.85	0.00409	0.00417	0.0329	0.0347	0.0370	0.0378	−0.0970
	0.80	0.00464	0.00473	0.0326	0.0343	0.0424	0.0433	−0.1014
	0.75	0.00526	0.00536	0.0319	0.0335	0.0485	0.0494	−0.1056
	0.70	0.00595	0.00605	0.0308	0.0323	0.0553	0.0562	−0.1096
	0.65	0.00670	0.00680	0.0291	0.0306	0.0627	0.0637	−0.1133
	0.60	0.00752	0.00762	0.0268	0.0289	0.0707	0.0717	−0.1166
	0.55	0.00838	0.00848	0.0239	0.0271	0.0792	0.0801	−0.1193
	0.50	0.00927	0.00935	0.0205	0.0249	0.0880	0.8880	−0.1215

挠度＝表中系数×$\dfrac{ql_0^4}{B_e}$；

$\mu=0$，弯矩＝表中系数×ql_0^2；

式中 l_0 取用 l_{0x} 和 l_{0y} 中较小者。

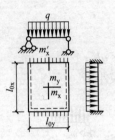

l_{0x}/l_{0y}	l_{0y}/l_{0x}	f	m_x	m_y	m_x'
0.50		0.00261	0.0416	0.0017	-0.0843
0.55		0.00259	0.0410	0.0028	-0.0840
0.60		0.00255	0.0402	0.0042	-0.0843
0.65		0.00250	0.0392	0.0057	-0.0826
0.70		0.00243	0.0379	0.0072	-0.0814
0.75		0.00236	0.0366	0.0088	-0.0799
0.80		0.00228	0.0351	0.0103	-0.0782
0.85		0.00220	0.0335	0.0118	-0.0763
0.90		0.00211	0.0319	0.0133	-0.0743
0.95		0.00201	0.0302	0.0146	-0.0721
1.00	1.00	0.00192	0.0285	0.0158	-0.0698
	0.95	0.00223	0.0296	0.0189	-0.0746
	0.90	0.00260	0.0306	0.0224	-0.0797
	0.85	0.00303	0.0314	0.0266	-0.0850
	0.80	0.00354	0.0319	0.0316	-0.0904
	0.75	0.00413	0.0321	0.0374	-0.0959
	0.70	0.00482	0.0318	0.0441	-0.1013
	0.65	0.00560	0.0308	0.0518	-0.1066
	0.60	0.00647	0.0292	0.0604	-0.1114
	0.55	0.00743	0.0267	0.0698	-0.1156
	0.50	0.00844	0.0234	0.0798	-0.1191

挠度＝表中系数 $\times \dfrac{ql_0^4}{B_c}$；

$\mu=0$，弯矩＝表中系数 $\times ql_0^2$；

式中 l_0 取用 l_{0x} 和 l_{0y} 中 i 较小者。

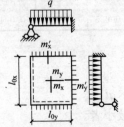

l_{0x}/l_{0y}	f	f_{max}	m_x	$m_{x,max}$	m_y	$m_{y,max}$	m_x'	m_y'
0.50	0.00468	0.00471	0.0559	0.0562	0.0079	0.0135	−0.1179	−0.0786
0.55	0.00445	0.00454	0.0529	0.0530	0.0104	0.0153	−0.1140	−0.0785
0.60	0.00419	0.00429	0.0496	0.0498	0.0129	0.0169	−0.1095	−0.0782
0.65	0.00391	0.00399	0.0461	0.0465	0.0151	0.0183	−0.1045	−0.0777
0.70	0.00363	0.00368	0.0426	0.0432	0.0172	0.0195	−0.0992	−0.0770
0.75	0.00335	0.00340	0.0390	0.0396	0.0189	0.0206	−0.0938	−0.0760
0.80	0.00308	0.00313	0.0356	0.0361	0.0204	0.0218	−0.0883	−0.0748
0.85	0.00281	0.00286	0.0322	0.0328	0.0215	0.0229	−0.0829	−0.0733
0.90	0.00256	0.00261	0.0291	0.0297	0.0224	0.0238	−0.0776	−0.0716
0.95	0.00232	0.00237	0.0261	0.0267	0.0230	0.0244	−0.0726	−0.0698
1.00	0.00210	0.00215	0.0234	0.0240	0.0234	0.0249	−0.0667	−0.0677

挠度＝表中系数$\times\dfrac{ql_0^4}{B_c}$；

$\mu=0$，弯矩＝表中系数$\times ql_0^2$；

式中 l_0 取用 l_{0x} 和 l_{0y} 中之较小者。

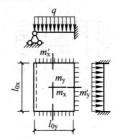

l_{0x}/l_{0y}	l_{0y}/l_{0x}	f	f_{max}	m_x	$m_{x,max}$	m_y	$m_{y,max}$	m_x'	m_y'
0.50		0.00257	0.00258	0.0408	0.0409	0.0028	0.0089	−0.0836	−0.0569
0.55		0.00252	0.00255	0.0398	0.0399	0.0042	0.0093	−0.0827	−0.0570
0.60		0.00245	0.00249	0.0384	0.0386	0.0059	0.0105	−0.0814	−0.0571
0.65		0.00237	0.00240	0.0368	0.0371	0.0076	0.0116	−0.0796	−0.0572
0.70		0.00227	0.00229	0.0350	0.0354	0.0093	0.0127	−0.0774	−0.0572
0.75		0.00216	0.00219	0.0331	0.0335	0.0109	0.0137	−0.0750	−0.0572
0.80		0.00205	0.00208	0.0310	0.0314	0.0124	0.0147	−0.0722	−0.0570
0.85		0.00193	0.00196	0.0289	0.0293	0.0138	0.0155	−0.0693	−0.0567
0.90		0.00181	0.00184	0.0268	0.0273	0.0159	0.0163	−0.0663	−0.0563
0.95		0.00169	0.00172	0.0247	0.0252	0.0160	0.0172	−0.0631	−0.0558
1.00	1.00	0.00157	0.00160	0.0227	0.0231	0.0168	0.0180	−0.0600	−0.0550
	0.95	0.00178	0.00182	0.0229	0.0234	0.0194	0.0207	−0.0629	−0.0599

l_{0x}/l_{0y}	l_{0y}/l_{0x}	f	f_{max}	m_x	$m_{x,max}$	m_y	$m_{y,max}$	m'_x	m'_y
	0.90	0.00201	0.02206	0.0228	0.0234	0.0223	0.0238	−0.0656	−0.0653
	0.85	0.00227	0.00233	0.0225	0.0231	0.0255	0.0273	−0.0683	−0.0711
	0.80	0.00256	0.00262	0.0219	0.0224	0.0290	0.0311	−0.0707	−0.0772
	0.75	0.00286	0.00294	0.0208	0.0214	0.0329	0.0354	−0.0729	−0.0837
	0.70	0.00319	0.00327	0.0194	0.0200	0.0370	0.0400	−0.0748	−0.0903
	0.65	0.00352	0.00365	0.0175	0.0182	0.0412	0.0446	−0.0762	−0.0970
	0.60	0.00386	0.00403	0.0153	0.0160	0.0454	0.0493	−0.0773	−0.1033
	0.55	0.00419	0.00437	0.0127	0.0133	0.0496	0.0541	−0.0780	−0.1093
	0.50	0.00449	0.00463	0.0099	0.0103	0.0534	0.0588	−0.0784	−0.1146

挠度＝表中系数$\times\dfrac{ql_0^4}{B_c}$；

$\mu=0$，弯矩＝表中系数$\times ql_0^2$；

式中 l_0 取用 l_{0x} 和 l_{0y} 中 i 较小者。

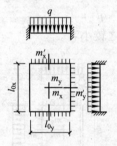

附表 A-6

l_{0x}/l_{0y}	f	m_x	m_y	m'_x	m'_y
0.50	0.00253	0.0400	0.0038	−0.0829	−0.0570
0.55	0.00246	0.0385	0.0056	−0.0814	−0.0571
0.60	0.00236	0.0367	0.0076	−0.0793	−0.0571
0.65	0.00224	0.0345	0.0095	−0.0766	−0.0571
0.70	0.00211	0.0321	0.0113	−0.0735	−0.0569
0.75	0.00197	0.0296	0.0130	−0.0701	−0.0565
0.80	0.00182	0.0271	0.0144	−0.0664	−0.0559
0.85	0.00168	0.0246	0.0156	−0.0626	−0.0551
0.90	0.00153	0.0221	0.0165	−0.0588	−0.0541
0.95	0.00140	0.0198	0.0172	−0.0550	−0.0528
1.00	0.00127	0.0176	0.0176	−0.0513	−0.0513

附录 B 等截面等跨连续梁在常用荷载作用下的内力系数表

1. 在均布及三角形荷载作用下
$$M=\text{表中系数}\times ql_0{}^2，V=\text{表中系数}\times ql_0$$

2. 在集中荷载作用下
$$M=\text{表中系数}\times Fl_0，V=\text{表中系数}\times F$$

3. 内力正负号规定

M——使截面上部受压、下部受拉为正；

V——对邻近截面所产生的力矩沿顺时针方向者为正。

两 跨 梁　　　　　　　　附表 B-1

荷载图	跨内最大弯矩		支座弯矩	剪力		
	M_1	M_2	M_3	V_A	V_B 左 V_B 右	V_C
q 均布两跨	0.070	0.070	−0.125	0.375	−0.625 0.625	−0.375
q 均布一跨	0.096	—	−0.063	0.437	−0.563 0.063	0.063
F 两跨集中	0.156	0.156	−0.188	0.312	−0.688 0.688	−0.312
F 一跨集中	0.203	—	−0.094	0.406	−0.594 0.094	0.094
F 两跨双集中	0.222	0.222	−0.333	0.667	−1.333 1.333	−0.667
F 一跨双集中	0.0278	—	−0.167	0.833	−1.167 0.167	0.167

三 跨 梁　　　　　　　　附表 B-2

荷载图	跨内最大弯矩		支座变矩		剪力			
	M_1	M_2	M_3	M_C	V_A	V_B 左 V_B 右	V_C 左 V_C 右	V_D
q 均布三跨	0.080	0.025	−0.100	−0.100	0.400	−0.600 0.500	−0.500 0.600	−0.400
q 两跨	0.101	—	−0.050	−0.050	0.450	−0.550 0	0 0.550	−0.450

63

64

荷载图	跨内最大弯矩		支座变矩		剪力			
	M_1	M_2	M_3	M_C	V_A	V_B左 V_B右	V_C左 V_C右	V_D
		0.075	−0.050	−0.050	0.050	−0.050 0.500	−0.500 0.050	0.050
	0.073	0.054	−0.117	−0.033	0.383	−0.617 0.583	−0.417 0.033	0.033
	0.094	—	−0.067	0.017	0.433	−0.567 0.083	−0.083 −0.017	−0.017
	0.175	0.100	−0.150	−0.150	0.350	−0.650 0.500	−0.500 0.650	−0.350
	0.213	—	−0.075	−0.075	0.425	−0.575 0	0 0.575	−0.425
	—	0.175	−0.075	−0.075	−0.075	−0.075 0.500	−0.500 0.075	0.075
	0.162	0.137	−0.175	−0.050	0.325	−0.675 0.625	−0.375 0.050	0.050
	0.200	—	−0.100	0.025	0.400	−0.600 0.125	0.125 −0.125	−0.025
	0.244	0.067	−0.267	−0.267	0.733	−1.267 1.000	−1.000 1.267	−0.733
	2.289	—	−0.133	−0.133	0.866	−1.134 0	0 1.134	−0.866
	—	0.200	−0.133	−0.133	−0.133	−0.133 1.000	−1.000 0.133	0.133
	0.229	0.170	−0.311	−0.089	0.689	−1.311 1.222	−0.778 0.089	0.089
	0.274	—	−0.178	0.044	0.822	−1.178 0.222	0.222 0.044	−0.044

四 跨 梁

荷载图	跨内最大弯矩				支座弯矩			剪力				
	M_1	M_2	M_3	M_4	M_B	M_C	M_D	V_A	$V_{B左}$ / $V_{B右}$	$V_{C左}$ / $V_{C右}$	$V_{D左}$ / $V_{D右}$	V_E
	0.77	0.036	0.036	0.077	−0.107	−0.071	−0.107	−0.393	−0.607 / 0.536	−0.464 / 0.464	−0.536 / 0.607	−0.393
	0.100	—	0.081	—	−0.054	−0.036	−0.054	0.446	−0.554 / 0.018	0.018 / 0.482	−0.518 / 0.054	0.054
	0.072	0.061	—	0.098	−0.121	−0.018	−0.058	0.380	−0.620 / −0.603	−0.397 / 0.040	−0.040 / 0.558	−0.442
	—	0.056	0.056	—	−0.036	0.107	−0.036	−0.036	−0.036 / 0.429	−0.571 / 0.571	−0.429 / 0.036	0.036
	0.094	0.074	—	—	−0.067	0.018	−0.004	0.433	−0.567 / 0.085	−0.085 / 0.022	0.022 / −0.004	−0.004
	—	—	—	—	−0.049	−0.054	0.013	−0.049	−0.049 / 0.496	−0.504 / 0.067	0.067 / −0.013	−0.013
	0.169	0.116	0.116	0.169	−0.161	−0.107	−0.161	0.339	−0.661 / 0.554	−0.446 / 0.446	−0.554 / 0.661	−0.339
	0.210	—	0.180	—	−0.089	−0.054	−0.080	0.420	−0.580 / 0.027	0.027 / 0.473	−0.527 / 0.080	0.080
	0.159	0.146	—	0.206	−0.181	−0.027	−0.087	0.319	−0.681 / 0.654	−0.346 / −0.060	−0.060 / 0.587	−0.413

附录 B 等截面等跨连续梁在常用荷载作用下的内力系数表

荷载图	跨内最大弯矩				支座弯矩			剪力				
	M_1	M_2	M_3	M_4	M_B	M_C	M_D	V_A	$V_{B左}$ / $V_{B右}$	$V_{C左}$ / $V_{C右}$	$V_{D左}$ / $V_{D右}$	V_E
	—	0.142	0.142	—	−0.054	−0.161	−0.054	0.054	−0.054 / 0.393	−0.607 / −0.607	−0.393 / 0.054	0.054
	0.200	—	—	—	−0.100	0.027	−0.007	0.400	−0.600 / 0.127	0.127 / −0.033	−0.033 / 0.007	0.007
	—	0.173	—	—	−0.074	−0.080	0.020	−0.074	−0.074 / 0.493	−0.507 / 0.100	0.100 / −0.020	−0.020
	0.238	0.111	0.111	0.238	−0.286	−0.191	−0.286	0.714	−1.286 / 1.095	−0.905 / 0.905	−1.095 / 1.286	−0.714
	0.286	0.194	0.222	—	−0.143	−0.095	−0.143	0.857	−1.143 / 0.048	0.048 / 0.952	−1.048 / 0.143	0.143
	0.226	0.175	—	0.282	−0.321	−0.048	−0.155	0.679	−1.321 / 1.274	−0.726 / −0.107	−0.107 / 1.155	−0.845
	—	—	0.175	—	−0.095	−0.286	−0.095	−0.095	−0.095 / 0.810	−1.190 / 1.190	−0.810 / 0.095	0.095
	—	—	—	—	−0.178	0.048	−0.012	0.822	−1.178 / 0.226	0.226 / −0.060	−0.060 / 0.012	0.012
	0.274	0.198	—	—	−0.131	−0.143	0.036	−0.131	−0.131 / 0.988	−1.012 / 0.178	0.178 / −0.036	−0.036

五 跨 梁

荷载图	跨内最大弯矩			支座弯矩				剪力					
	M_1	M_2	M_3	M_B	M_C	M_D	M_E	V_A	$V_{B左}$ / $V_{B右}$	$V_{C左}$ / $V_{C右}$	$V_{D左}$ / $V_{D右}$	$V_{E左}$ / $V_{E右}$	V_F
	0.078	0.033	0.046	−0.105	−0.079	−0.079	−0.105	0.394	−0.606 / 0.526	−0.474 / 0.500	−0.500 / 0.474	−0.526 / 0.606	−0.394
	0.100	—	0.085	−0.053	−0.040	−0.040	−0.053	0.447	−0.533 / 0.013	0.013 / 0.500	−0.500 / −0.013	−0.013 / 0.553	−0.447
	—	0.079	—	−0.053	−0.040	−0.040	−0.053	−0.053	−0.053 / 0.513	−0.487 / 0	0 / 0.487	−0.513 / 0.053	0.053
	0.073	②0.059 / 0.078	0.064	−0.119	−0.022	−0.044	−0.051	0.380	−0.620 / 0.598	−0.402 / −0.023	−0.023 / 0.493	−0.507 / 0.052	0.052
	① / 0.098	0.055	—	−0.035	−0.111	−0.020	−0.057	−0.035	−0.035 / 0.424	−0.576 / 0.591	−0.409 / −0.037	−0.037 / 0.557	−0.443
	0.094	—	—	−0.067	0.018	−0.005	0.001	0.443	−0.567 / 0.085	0.085 / −0.023	−0.023 / 0.006	0.006 / −0.001	−0.001
	—	0.074	—	−0.049	−0.054	0.014	−0.004	−0.049	−0.049 / 0.495	−0.505 / 0.068	0.068 / −0.018	−0.018 / 0.004	0.004

附录 B　等截面等跨连续梁在常用荷载作用下的内力系数表

续表

荷载图	跨内最大弯矩			支座弯矩				剪力					
	M_1	M_2	M_3	M_B	M_C	M_D	M_E	V_A	$V_{B左}$ / $V_{B右}$	$V_{C左}$ / $V_{C右}$	$V_{D左}$ / $V_{D右}$	$V_{E左}$ / $V_{E右}$	V_F
	—	—	0.072	0.013	−0.053	−0.053	0.013	0.013	0.013 / −0.066	−0.066 / 0.500	−0.500 / 0.066	0.066 / −0.013	−0.013
	0.171	0.112	0.132	−0.158	−0.118	−0.118	−0.158	0.342	−0.658 / 0.540	−0.460 / 0.500	−0.500 / 0.460	−0.540 / 0.658	−0.342
	0.211	—	0.191	−0.079	−0.059	−0.059	−0.079	0.421	−0.579 / 0.020	0.020 / 0.500	−0.500 / −0.020	−0.020 / 0.579	−0.421
	—	0.181	—	−0.079	−0.059	−0.059	−0.079	−0.079	−0.079 / 0.520	−0.480 / 0	0 / 0.480	−0.520 / 0.079	0.079
	0.160	②$\dfrac{0.144}{0.178}$	—	0.179	−0.032	−0.066	−0.077	0.321	−0.679 / 0.647	−0.353 / −0.034	−0.034 / 0.489	−0.511 / 0.077	0.077
	①$\dfrac{—}{0.207}$	0.140	0.151	−0.052	−0.167	−0.031	−0.086	−0.052	−0.052 / 0.385	−0.615 / 0.637	−0.363 / −0.056	−0.056 / 0.586	−0.414
	0.200	—	—	−0.100	0.027	−0.007	0.002	0.400	−0.600 / 0.127	0.127 / −0.031	−0.031 / 0.009	0.009 / −0.002	−0.002
	—	0.173	—	−0.073	−0.081	0.022	−0.005	−0.073	−0.073 / 0.493	−0.507 / 0.102	0.101 / 0.027	−0.027 / 0.005	0.005
	—	—	0.171	0.020	−0.079	0.079	0.020	0.020	0.020 / −0.099	−0.099 / 0.500	−0.500 / 0.099	0.099 / −0.020	−0.020

荷载图	跨内最大弯矩			支座弯矩				剪力					
	M_1	M_2	M_3	M_B	M_C	M_D	M_E	V_A	$V_{B左}$ / $V_{B右}$	$V_{C左}$ / $V_{C右}$	$V_{D左}$ / $V_{D右}$	$V_{E左}$ / $V_{E右}$	V_F
(荷载图)	0.240	0.100	0.122	−0.281	−0.211	−0.211	−0.281	0.719	−1.281 / 1.070	−0.930 / 1.000	−1.000 / 0.930	−1.070 / 1.280	−0.719
(荷载图)	0.287	—	0.228	−0.140	−0.105	−0.105	−0.140	0.860	−1.140 / 0.035	0.035 / 1.000	−1.000 / −0.035	−0.035 / 1.140	−0.860
(荷载图)	—	0.216	—	−0.140	−0.105	−0.105	−0.140	−0.140	−0.140 / 1.035	−0.965 / 0	0.000 / 0.965	−1.035 / 0.140	0.140
(荷载图)	0.227	②0.189 / 0.209	—	−0.319	−0.057	−0.118	−0.137	0.681	−1.319 / 1.262	−0.738 / −0.061	−0.061 / 0.981	−1.019 / 0.137	0.137
(荷载图)	①— / 0.282	0.172	0.198	−0.093	−0.297	−0.054	−0.153	−0.093	−0.093 / 0.796	−1.204 / 1.243	−0.757 / −0.099	−0.099 / 1.153	−0.847
(荷载图)	0.274	—	—	0.179	0.048	−0.013	0.003	0.821	−1.179 / 0.227	0.227 / −0.061	−0.061 / 0.016	0.016 / −0.003	−0.003
(荷载图)	—	0.198	—	−0.131	−0.144	0.038	−0.010	−0.131	−0.131 / 0.987	−1.013 / 0.182	0.182 / −0.048	−0.048 / 0.010	0.010
(荷载图)	—	—	0.193	0.035	−0.140	−0.140	0.035	0.035	0.035 / −0.175	−0.175 / 1.000	−1.000 / 0.175	0.175 / −0.035	−0.035

注：① 分子及分母分别为 M_1 及 M_5 的弯矩系数；② 分子及分母分别为 M_3 及 M_4 的弯矩系数。

附录 B　等截面等跨连续梁在常用荷载作用下的内力系数表

附录 C　单阶柱柱顶反力系数表

单阶柱柱顶反力系数表

序号	荷载情况	R_a	$C_1\sim C_9$
1 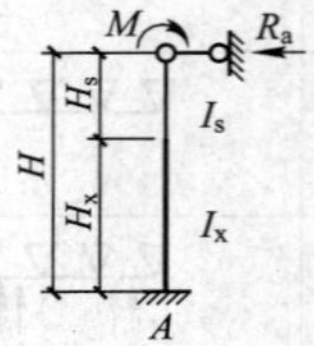		$-\dfrac{M}{H}C_1$	$C_1=\dfrac{3}{2}\times\dfrac{1-\lambda^2\left(1-\dfrac{1}{n}\right)}{S}$ 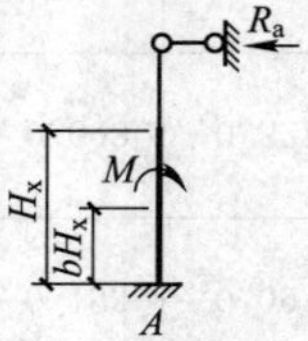
2		$-\dfrac{M}{H}C_2$	$C_2=\dfrac{3}{2}\times\dfrac{1-\lambda^2}{S}$ 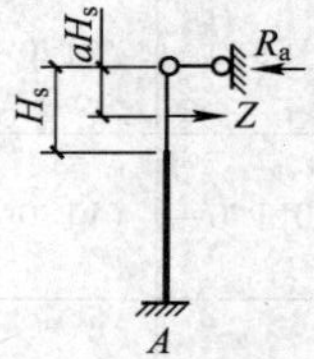
3		$-\dfrac{M}{H}C_3$	$C_3=\dfrac{3}{2}\times\dfrac{1+\lambda^2\left(\dfrac{1-a^2}{n}-1\right)}{S}$

附表 C

序号	荷载情况	R_a	$C_1\sim C_9$
4		$-\dfrac{M}{H}C_4$	$C_4=\dfrac{3}{2}\times\dfrac{2b\,(1-\lambda)-b^2\,(1-\lambda)^2}{S}$
5		$-ZC_5$	$C_5=\dfrac{2-3a\lambda+\lambda^3\left[\dfrac{(2+a)\,(1-a)^2}{n}-(2-3a)\right]}{2S}$
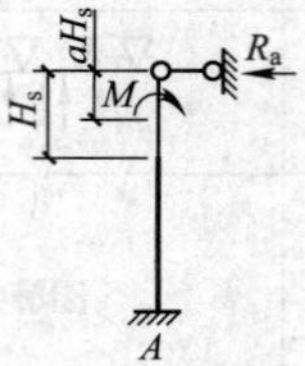 6	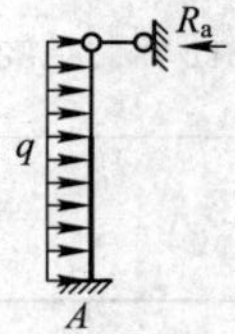	$-qHC_6$	$C_3=\dfrac{3}{8}\times\dfrac{1+\lambda^4\left(\dfrac{1}{n}-1\right)}{S}$

序号	荷载情况	R_a	$C_1 \sim C_9$
9		$-qHC_9$	$C_9 = \dfrac{3}{8} \times \dfrac{1+\lambda^4\left(\frac{1}{n}-1\right)}{S} - \dfrac{1}{10} \times \dfrac{1+\lambda^5\left(\frac{1}{n}-1\right)}{S}$

序号	荷载情况	R_a	$C_1 \sim C_9$
7		$-qHC_7$	$C_7 = \dfrac{8\lambda - 6\lambda^2 + \lambda^4\left(\frac{3}{n}\right) - 2}{8S}$
8		$-qHC_8$	$C_8 = \dfrac{(1-\lambda)^2(3+\lambda)}{8S}$

注：$n=\dfrac{I_s}{I_x}$，$\lambda=\dfrac{H_s}{H}$，$1-\lambda=\dfrac{H_x}{H}$，$S=1+\lambda^3\left(\dfrac{1}{n}-1\right)$。

71